AF640594

SAMMLUNG GÖSCHEN BAND 141

Morphologie der Pflanzen

Von

Dr. Lothar Geitler

Professor an der Universität Wien

Dritte, umgearbeitete Auflage

Mit 114 Abbildungen

Walter de Gruyter & Co.

vormals G. J. Göschen'sche Verlagshandlung · J. Guttentag, Verlagsbuchhandlung · Georg Reimer · Karl J. Trübner · Veit & Comp.

Berlin 1953

Alle Rechte, einschl. der Rechte der Herstellung von Photokopien und Mikrofilmen, von der Verlagshandlung vorbehalten

Archiv-Nr. 11 01 41

Satz: Walter de Gruyter & Co., Berlin W 35

Druck: Oswald Schmidt GmbH, Leipzig III/18/65

Printed in Germany

Inhaltsübersicht.

Aus der „Sammlung Göschen" sei auf die nachstehenden Bände verwiesen:

Nr. 718: Neger, W. u. E. Münch, Die Laubhölzer. 3., durchges. Aufl., herausgegeben von B. Huber. Mit 63 Fig. u. 7 Tab. 1950. 142 S.

Nr. 1127: Hartmann, M., Geschlecht und Geschlechtsbestimmung im Tier- und Pflanzenreich. 2. Aufl. Mit 61 Abb. u. 7 Tab. 1951. 115 S.

Nr. 1134: Kuckuck, H., Pflanzenzüchtung. 2., durchges. Aufl. Mit 12 Abb. 1944. 125 S.

Nr. 1137: Heil, H., Entwicklungsgeschichte des Pflanzenreiches. 2. Aufl. Mit 94 Abb. u. 1 Tab. 1950. 138 S.

Nr. 1138: Hämmerling, J., Fortpflanzung im Tier- und Pflanzenreich. 2., ergänzte Aufl. Mit 101 Abb. 1951. 135 S.

Nr. 1141: Koller, G., Hormone. 2. Aufl. Mit 60 Abb. u. 19 Tab. 1949. 187 S.

Nr. 1155: Schwartz, W., Grundriß der allgemeinen Mikrobiologie. Band I. Mit 17 Abb. 1949. 104 S.

Nr. 1157: Schwartz, W., Grundriß der allgemeinen Mikrobiologie. Band II. Mit 12 Abb. 1949. 93 S.

Dieser Bearbeitung ist das Büchlein von M. Nordhausen, Sammlung Göschen Nr. 141, 2. Aufl. 1920, zugrunde gelegt; einzelne Sätze und einige Abschnitte wurden wörtlich übernommen.

Das Manuskript wurde im Dezember 1950 abgeschlossen.

Verzeichnis zusammenfassender Schriften.

Eichler, A., Blütendiagramme, Leipzig 1875/78.

Fitting, H., Schumacher, W., Harder, R., Firbas, F., Lehrbuch der Botanik für Hochschulen, 21. Aufl., Stuttgart 1951.

Gäumann, E., Vergleichende Morphologie der Pilze, Jena 1926.

Goebel, K., Organographie der Pflanzen, 3. Aufl., Jena 1928.

—, Blütenbildung und Sproßgestaltung, Jena 1931.

Hegi, G., Illustrierte Flora von Mitteleuropa, 7 Bände, Wien 1906—1931; Bd. 1, 2, 2. Aufl., 1937, 1939.

Kerner von Marilaun-Hansen, Pflanzenleben, 3. Aufl., Wien und Leipzig 1913.

Klebs, G., Willkürliche Entwicklungsänderungen bei Pflanzen, Jena 1903.

Oltmanns, F., Morphologie und Biologie der Algen, 2. Aufl., Jena 1922/23.

Pax, F., Allgemeine Morphologie der Pflanzen, Stuttgart 1890.

Penzig, O., Pflanzenteratologie, 2. Aufl., 3 Bände, Berlin 1921/22.

Troll, W., Organisation und Gestalt im Bereich der Blüte, Berlin 1928.

—, Vergleichende Morphologie der höheren Pflanzen, 3 Bände (im Erscheinen). Berlin 1936—1939.

—, Allgemeine Botanik, Stuttgart 1948.

Velenovsky, J., Vergleichende Morphologie der Pflanzen, 4 Bände, Prag 1904—1914.

Vergleiche auch die Bearbeitungen der Artikel „Blatt", „Blüte", „Sproß" usw. im Handwörterbuch der Naturwissenschaften, 2. Aufl., Jena 1931—1935.

Einleitung.

Die Pflanzen treten uns in einer kaum übersehbaren Formenmannigfaltigkeit entgegen. Die Aufgabe der Morphologie ist es, über die bloße Beschreibung der Einzelfälle hinaus die allgemeinen Gesetzmäßigkeiten aufzufinden, welche der Gestaltung zugrunde liegen. Sie bedient sich dabei der Vergleichung der Gestalten unter Berücksichtigung der individuellen und stammesgeschichtlichen Entwicklung sowie der natürlich auftretenden oder experimentell hervorrufbaren Veränderungen. Es werden auf diese Weise bestimmte, immer wiederkehrende Eigentümlichkeiten erkennbar, die sich auch in scheinbar abweichenden Gestaltungen ausdrücken.

Die ältere Morphologie wurde vor allem von C. F. Wolff, A. Braun, R. Brown, Celakovsky, Eichler und nicht zuletzt von Goethe — von dem auch das Wort Morphologie stammt — vertreten. Goethes Grundanschauung, die zusammenfassend in seiner Schrift „Über die Metamorphose der Pflanzen“ (1790) dargestellt ist, geht dahin, daß die vielerlei Gestalten Abwandlungen eines „Urbildes“ (Typus) sind; die typische Gestaltung zu erkennen und die Sonderfälle aus ihr zu verstehen, ist das Ziel der Untersuchung. Diese Auffassung hat sich wieder in der neuesten, von Troll geführten morphologischen Forschung als tragkräftig erwiesen. Unter Betonung experimentell-physiologischer Methoden haben das Gestaltungsproblem hauptsächlich Hofmeister, Sachs, Voechting, Klebs und Goebel gefördert.

I. Grundbegriffe.

Homologie und Analogie. Die Lebewesen sind stammesgeschichtlich auseinander entstanden. Gestaltungen, die aus einer gemeinsamen Grundform hervorgegangen sind, bezeichnet man als homolog oder morphologisch gleichwertig, unabhängig davon, ob sie ähnlich oder unähnlich aussehen und gleiche oder verschiedene Funktion besitzen. Bei den Samenpflanzen ist z. B. das Blatt eine solche Grundform. Die Blätter entstehen in allen Fällen in gleicher Weise, entwickeln sich aber bei verschiedenen Pflanzen zu verschieden gestalteten und funktionierenden fertigen Organen (Abb. 1). Auch an derselben Pflanze entwickeln sich die Blätter verschieden und funktionieren verschieden (Arbeitsteilung); so gibt es grüne

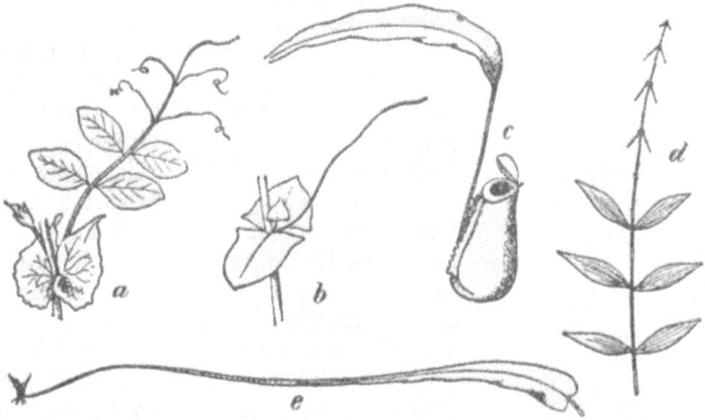

Abb. 1. Homologe Blattbildungen. a Blatt mit Nebenblättern der Erbse (die oberen Blattfiedern zu Ranken umgebildet); b *Lathyrus Aphaca* (Ranken-Platterbse), Nebenblätter und Blattranke; c Kannenblatt von *Nepenthes* (vgl. auch Abb. 65 b); d Blatt von *Desmoncus* mit Kletterhaken; e Ausläuferblatt des Farns *Camptosurus rhizophyllus* (e nach Goebel, die anderen nach Nordhausen).

Laubblätter, bunte Blumenblätter, Staubblätter, viele Wasserpflanzen bilden zweierlei Laubblätter (Abb. 2) usw.

Andererseits gibt es Bildungen, die gleiches Aussehen und gleiche Funktion besitzen, aber verschiedenen Ursprungs sind, morphologisch ungleichwertig oder analog sind. Dies gilt z. B. für die Klettervorrichtungen (Ranken) des Weinstocks, der Wicke und der Erbse: im ersten Fall sind es umgebildete Sprosse, im zweiten Blätter (Abb. 1b), im dritten Teile von Blättern (Abb. 1a).

Anpassungs- und Organisationsmerkmale, Konvergenz. Die erwähnten Bildungen versehen Funktionen, sie sind Organe. Der Bau von Organen erscheint ihrer Funktion und im weiteren Sinn den Ansprüchen der Umwelt „angepaßt“. Dieser Begriff kann aber nur bildlich verstanden werden, da sich funktionell erworbene Eigenschaften nicht vererben. Zwar vermögen Außenbedingungen zweckmäßige Reaktionen auszulösen, so wenn im Wasser befindliche Laubblätter zerschlitzt werden (Abb. 2) und dadurch der Stoffaufnahme und der Mechanik der Wasserbewegung besser gewachsen sind als die gewöhnlichen Luftblätter; auf diese Weise können aber niemals stammesgeschichtlich neue Gestaltungen entstehen, sondern nur solche sichtbar werden, deren Anlagen im Erbgut bereits enthalten sind. Ganz allgemein ist auch die Mannigfaltigkeit der Organisation viel größer als die der Funktionsansprüche; die gleichen Aufgaben werden also auf sehr verschiedene Weise gelöst. So kann Klettern außer durch Rankenbildung auch durch Umwinden (Schlingpflanzen), Spreizklimmen (Kletterrosen) oder Haftwurzelbildung (Efeu, Abb. 108) erfolgen. Eine als Blüte erscheinende und funktionierende Einheit bildet z. B. das Buschwindröschen, das Gänseblümchen und das Edelweiß (der Volksmund nennt alle drei Blumen); doch liegt nur beim Buschwindröschen im morphologischen Sinn eine Blüte vor, während beim Gänseblümchen ein Blütenstand (eine Ansammlung von Blüten), beim Edelweiß eine Ansammlung von Blütenständen und Hüllblättern vorhanden ist. Es handelt sich hierbei um Ähnlichkeit zwischen verschiedenwertigen Organkomplexen, um sog. analoge Konvergenzen; werden dagegen homologe Organkomplexe in verschiedenen Verwandtschaftskreisen funktionell und daher äußerlich ähnlich, so spricht man von homologer

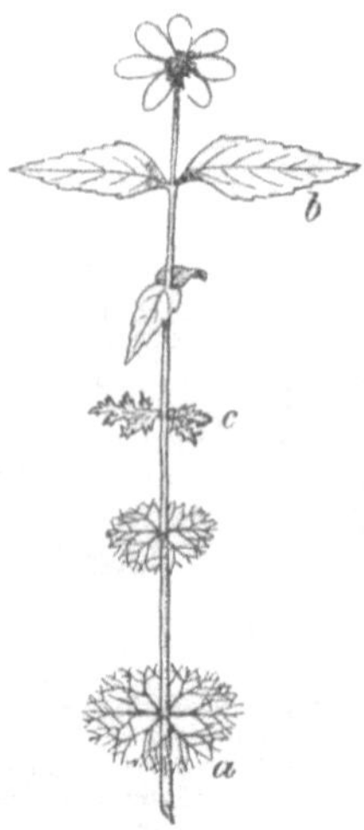

Abb. 2. *Bidens Beckii* mit Wasserblättern (a), Luftblättern (b) und Übergangsformen (c); nach Goebel.

Konvergenz (z. B. im Fall des Fleischigwerdens des Stammes nach Art der Kakteen bei verschiedenen, nicht näher verwandten Pflanzen). Es gibt schließlich Gestaltungsverschiedenheiten, die sich in keine Beziehung zur Funktion setzen lassen (Organisationsmerkmale im Unterschied zu den Anpassungsmerkmalen). Hierher gehören die verschiedenen Zahlen der Blütenblätter (z. B. zweimal drei bei Tulpen, vier beim Hirtentäschel, fünf bei der Linde usw.), die mannigfache Ausgestaltung des Randes der Laubblätter (ganzrandig, gezähnt, gesägt, gekerbt, ausgeschweift usw.) und vieles andere.

Der Typus. Die Unterscheidung zwischen Homologie und Analogie bezweckt die Ausschaltung bloß funktioneller oder zufälliger Ähnlichkeiten bei morphologischen Vergleichen. Darwin sagt in diesem Sinn: „Keine Gruppe von Organismen kann ordentlich verstanden werden, ehe ihre Homologien klargelegt sind“. Was sich bei folgerichtiger Aufklärung der Homologie verschiedener Organe oder Organsysteme ergibt, ist der morphologische Typus, das Bild des Grundbauplanes der Pflanzenteile oder ganzer Pflanzen; weiterhin läßt sich schließen, wie er stammesgeschichtlich entstanden ist. Aus dem Typus lassen sich, wenn er einmal erkannt ist, die besonderen Fälle „ableiten“, d. h. miteinander in natürliche Beziehung setzen, oder historisch ausgedrückt, es läßt sich ihre Verwandtschaft erkennen. So können aus dem Typus des Blattes, der am vollständigsten durch das grüne Laubblatt der Dikotylen repräsentiert ist, die bunten Blütenblätter oder die Kannenblätter von *Nepenthes*, aber auch die unscheinbaren Knospenschuppen, oder manche Ranken (z. B. der Wicke, nicht des Weinstocks) abgeleitet werden.

Abwandlungen des Typus. Die Abwandlungen, welche die typische Organisation erfährt, sind morphologisch betrachtet meist quantitativer Natur, beruhen also auf Förderung oder Hemmung der embryonalen Anlagen bzw. ihrer Teile. So ist, um beim Beispiel des Blattes zu bleiben, im Fall der Ranken der Erbse (Abb. 1a) die Flächenentwicklung der oberen Blattfiedern unterblieben, bei den Ranken der Wicke (Abb. 1b) ist die gesamte Fiederung verlorengegangen; in bunten Blumenblättern ist die Farbstoffbildung gefördert.

Letzen Endes beruhen auch alle Veränderungen der Symmetrie auf quantitativen Verschiebungen.

Wie sehr Förderung und Hemmung das Aussehen und die Lebensweise ganzer Pflanzen bestimmen können, mag an dem Beispiel der Internodienstreckung bzw. -stauchung erläutert werden. Der typische Laubsproß der Samenpflanzen ist mit Blättern besetzt; die Ansatzstellen der Blätter an der Achse (dem „Stengel") heißen Knoten, die zwischen übereinanderstehenden Knoten befindlichen Achsenstücke Internodien. Im gewöhnlichen Fall sitzen die Laubblätter in größeren Abständen, die Internodien, die embryonal ganz kurz sind, sind in die Länge gewachsen, haben sich „gestreckt". Bei den sog. Rosettenpflanzen (Wegerich, Löwenzahn, Hauswurz) sind die Blätter fast in einer Ebene ausgebreitet, die ganze Pflanze ist niedrig und dem Boden angepreßt: dieses Aussehen kommt dadurch zustande, daß die Internodienstreckung unterbleibt, die Sproßachse „gestaucht" ist. Von solchen Rosettenpflanzen, im besonderen von Formen wie die Hauswurz mit ihren dicken fleischigen Blättern, leiten sich weiterhin die Zwiebeln, z. B. der Lilie (Abb. 49) ab, deren Blätter zudem die grüne Farbe verloren haben, zu Speicherorganen wurden und unterirdisch leben. Im Fall der Küchenzwiebel sind es dagegen nicht ganze Blätter, welche die Zwiebelschuppen bilden, sondern bloß die verdickten basalen Teile von Blättern, deren obere flächigen Abschnitte abfallen (Abb. 3). Als eigenartige Pflanze ist hier der Germer (*Veratrum album*) anzuschließen, der durchaus nicht wie eine Rosettenpflanze aussieht, aber morphologisch dennoch eine solche ist. Die Pflanze scheint eine lange, in größeren Abständen mit Blättern besetzte Sproßachse zu besitzen. In Wirklichkeit wird die scheinbare Achse von den geförderten, langen Basalteilen der Blätter gebildet, die scheidenförmig ineinanderstecken, während die eigentliche Achse mit gestauchten Internodien als kuchenförmiges Gebilde im Boden sitzt (Abb. 4). Analog verhält es sich mit dem Scheinstamm der Banane.

Daß die Gestaltung der Rosettenpflanzen wesentlich auf Kurzbleiben der Internodien beruht, ergibt sich, abgesehen vom morphologischen Vergleich und der Entwicklungsgeschichte, auch aus dem Experiment. Beim Hirtentäschel läßt sich die Stauchung durch Kultur im feuchten Raum, beim Löwenzahn durch Dunkelheit aufheben; unter diesen Bedingungen strecken sich die Internodien (das gleiche kann durch Veränderung der Erbanlagen, Mutation, z. B. bei der Wetterdistel, erfolgen). Bei Wasserpflanzen, die auf der Wasserober-

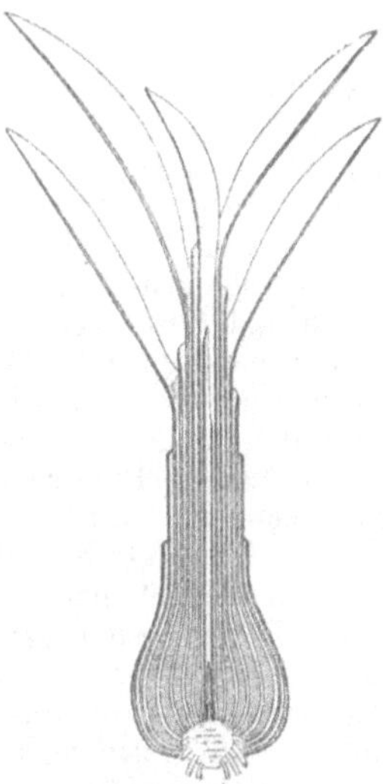

Abb. 3.

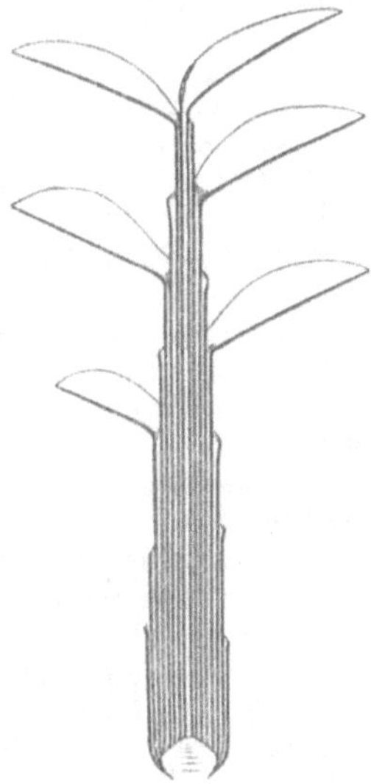

Abb. 4.

Abb. 3. Schema des Aufbaus von *Allium* (Küchenzwiebel); die Zwiebel besteht aus der gestauchten Achse und den verdickten Basen der Laubblätter. Nach Troll.
Abb. 4. Schema des Aufbaus von *Veratrum*. Nach Troll.

fläche schwimmende Rosetten bilden (Wassernuß — *Trapa* —, *Callitriche*), sind es die am natürlichen Standort vorhandenen wechselnden Bedingungen, welche über Stauchung oder Streckung entscheiden: Die untergetauchten Sproßteile haben lange Internodien, während das Emportauchen Stauchung hervorruft; liegt der Wasserspiegel zu hoch, so entstehen keine Rosetten. Im übrigen können sich auch aus inneren Ursachen unter gleichen Außenbedingungen Sprosse der gleichen Pflanze verschieden verhalten: Die Ausläufer, z. B. der Erdbeere, sind Seitensprosse, deren Internodien im Gegensatz zu denen der Hauptachse ungewöhnlich gestreckt werden; solche Ausläufer sehen daher häufig unbeblättert aus.

II. Niedere und höhere Pflanzen; Allgemeines.

1. Thallus und Kormus.

Die einfachsten Pflanzen bestehen wie die einfachsten Tiere aus einer einzigen Zelle; bei der Teilung trennen sich die Tochterzellen. Bleiben die Tochterzellen beisammen, so entstehen Zellverbände. Auf diesem Wege entwickelten sich im Lauf der Stammesgeschichte die großen vielzelligen Algen (Meerestange), die Pilze und schließlich die höheren Pflanzen.

Wie verschiedenartig vielzellige Algen und Pilze auch gegliedert sein mögen, so fehlt ihnen doch grundsätzlich die für den Typus der höheren Pflanzen bezeichnende Gliederung in Wurzel und Sproß (Stamm und Blatt) und der Aufbau aus echten Geweben (Parenchymen), wiewohl analoge Bildungen bei hochorganisierten Algen vorkommen können (vgl. unten). Den Pflanzenkörper, der Wurzel, Stamm und Blatt besitzt und aus echten Geweben aufgebaut ist, bezeichnet man als Kormus, die Pflanzen, welche diese Organisation besitzen, als Kormophyten. Es sind dies die Moose, Farnpflanzen und Samenpflanzen (Blütenpflanzen); die Moose nehmen allerdings eine Sonderstellung dadurch ein, daß ihnen Wurzeln fehlen und auch Stämmchen und Blätter anders organisiert sind; ebenso fehlt manchen primitiven fossilen Farnpflanzen die Wurzel und die Beblätterung (vgl. S. 46, 102). Der Körper der anderen Pflanzen heißt Thallus, sie selbst werden Thallophyten genannt, ohne daß damit aber ausgedrückt werden soll, daß es sich um eine stammesgeschichtlich einheitliche Gruppe handelt. Thallusartige Bildungen sind auch manche Lebermoose und die Prothallien der Farngewächse (vgl. Kap. IV, 3 A).

Es gibt zwar, auch abgesehen von den Moosen, Kormophyten, welche die geforderte Gliederung in Wurzel, Stamm

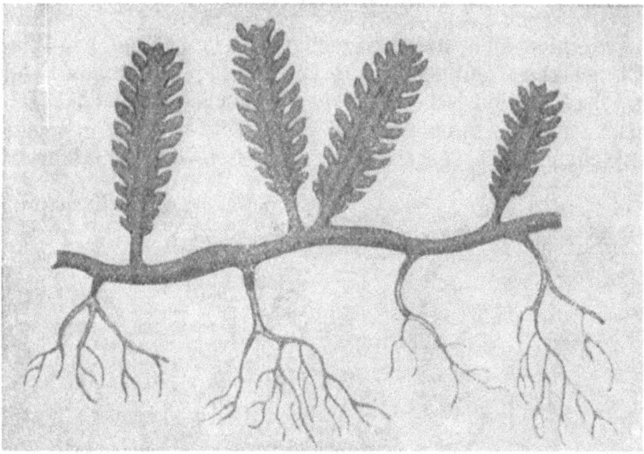

Abb. 5. *Caulerpa crassifolia*, eine grüne Schlauchalge. Etwas verkleinert, aus Hansen.

und Blatt nicht aufweisen. Die vergleichende Untersuchung lehrt aber, daß es sich nur um Grenzfälle handelt, in denen anders aussehende oder auch rückgebildete (rudimentäre), aber dennoch homologe Organe vorhanden sind (z. B. sieht die Wasserlinse — „Entengrütze" — wie ein Algenthallus aus, ist aber in Wirklichkeit eine rückgebildete monokotyle Blütenpflanze, die zeitlebens in gewisser Hinsicht auf dem Embryonalstadium stehen bleibt). Die Begriffe Wurzel, Stamm und Blatt sind also vergleichend-morphologische, wenn sie auch zunächst aus der Volkssprache in funktioneller Bedeutung übernommen wurden (die typische Wurzel nimmt die mineralische Nahrung auf und dient der Befestigung, das typische grüne Blatt assimiliert im Licht und bereitet die organische Nahrung, der typische Stamm bildet das Gerüst der Pflanze und dient der Stoffleitung). Umgekehrt gibt es Algen welche die Gliederung der Kormophyten täuschend nachahmen, also stengelartige, blattartige und wurzelartige Organe bilden, ohne daß es sich aber tatsächlich um diese Bildungen handelt (Abb. 5, 13, 17, 18).

2. Der Thallus.

Die einfachsten, stammesgeschichtlich ursprünglichen Pflanzen bestehen zeitlebens aus einer Zelle, die kugelig, ellipsoidisch, zylindrisch oder ähnlich einfach gestaltet ist (Bakterien, manche Blaualgen und Grünalgen, u. a.). Von solchen einfachen Typen ausgehend, entwickelten sich höhere grund-

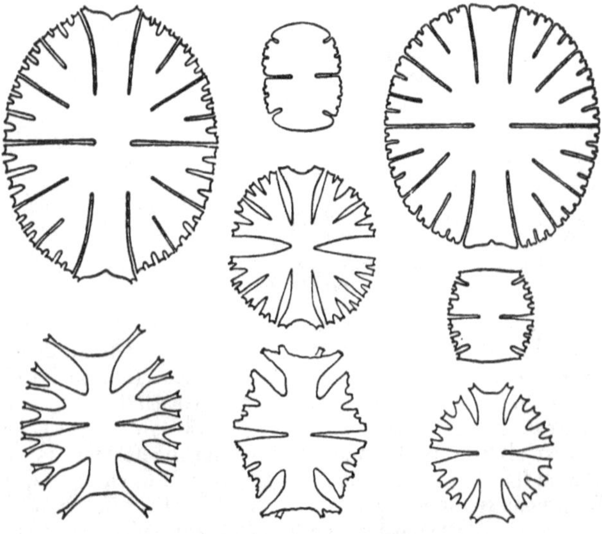

Abb. 6. Verschiedene Arten der Gattung *Micrasterias* (Zellumrisse). 140—170fach, umgezeichnet nach West.

sätzlich auf zwei Wegen: 1. Durch Ausgestaltung der Einzelzelle im Sinne der Arbeitsteilung, 2. durch Zellverbandbildung unter Arbeitsteilung zwischen verschiedenen Zellen. Auf dem zweiten Weg, der über mehr zufällige Zellkolonien zur vielzelligen thallophytischen und schließlich kormophytischen Organisation führte, erlangten die Pflanzen — wie parallel auch die Tiere — die reichste Gliederung. Dies hängt damit zusammen, daß der Größe der Einzelzelle und daher auch ihren Ausgliederungen und somit ihrer Organisationshöhe aus molekular-physikalischen Gründen unübersteigbare Grenzen gesetzt sind, die wegfallen, wenn zahlreiche Zellen zusammenwirken, deren jede sich in anderer Richtung entwickeln kann. Die Komplikation der Gestalt wird dabei vom ganzen vielzelligen Organismus getragen, während die einzelne Zelle als Baustein nur geringe Variation zeigt. Stellt dagegen die Einzelzelle den ganzen Organismus dar, so ist sie bei entsprechender Organisationshöhe reich gegliedert; die vielgestaltigsten Zellen finden sich daher immer bei Einzellern (Abb. 6).

A. Einzellige Formen.

Bei fortschreitender Entwicklung entstehen aus einfach geformten (kugeligen, ellipsoidischen usw.) Zellen solche, die bereits die für vielzellige, auch kormophytische

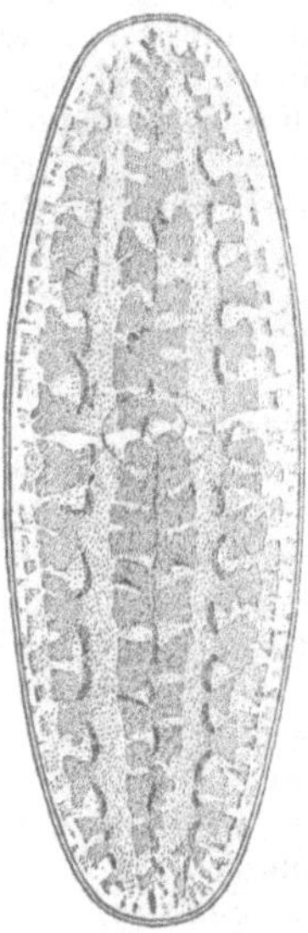

Abb. 7.

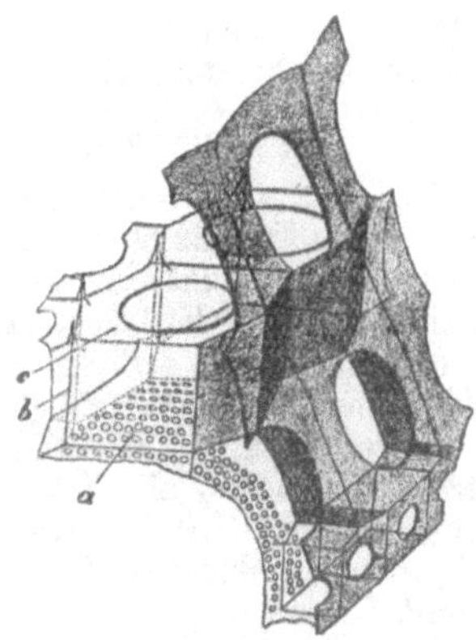

Abb. 8.

Abb. 7. *Netrium digitus*, einzellige Alge mit zwei Farbstoffträgern, die vielfach gelappte Längsleisten tragen. 300fach.

Abb. 8. Kleiner Ausschnitt aus der Wand der einzelligen Kieselalge *Triceratium favus* mit komplizierten Poren- und Kammersystemen: a siebartige Grundplatte, b Verdickungsleisten, c horizontale Ausbreitung derselben. Etwa 1500fach, nach Pfitzer.

Pflanzen bezeichnenden abgeleiteten Symmetrieverhältnisse aufweisen. So gibt es Einzeller, die ausgesprochene Polarität besitzen, d. h. eine Spitze und einen Basalteil ausbilden; mit dem basalen Teil erfolgt Anheftung (wobei besondere Organe ausgegliedert werden können), das Spitzenende ragt frei in die Höhe, bildet Schleimfäden, wirkt als Deckel bei der Entleerung der Fortpflanzungszellen usw. Manche Einzeller sind dorsiventral gestaltet, d. h. bilden eine Rücken- und Bauchseite aus.

Als Beispiel besonders großer Mannigfaltigkeit bei einheitlichem Grundbauplan seien die Desmidiazeen (Zieralgen) genannt, die durch Ausgestaltung der Einzelzelle eine Formenfülle von vielen Tausenden von Arten hervorgebracht haben. Abb. 6 stellt einige Vertreter einer einzigen Gattung dar. Welche Komplikation der Farbstoffträger (Chromatophor) annehmen kann, zeigt Abb. 7. Eine Vorstellung von der Organisationshöhe der Zelle der Diatomeen (Kieselalgen) gibt Abb. 8. Äußerlich besonders reich gegliedert sind die marinen Plankton-Diatomeen und viele Dinoflagellaten (Peridinieen) mit ihren Schwebeborsten, Hörnern, Flügelleisten u. dgl.

B. Vielzellige Formen.

Polarität, Vegetationspunkt. Der Grundtypus des mehrzelligen Thallus ist der einreihige Faden, der dadurch zustande kommt, daß dauernd die gleiche Teilungsrichtung beibehalten wird, die Tochterzellen also in einer Reihe zu liegen kommen, und daß sich die Tochterzellen nicht voneinander trennen. Durch Auftreten von Teilungen in anderen Richtungen kann der Faden mehrreihig werden. In den einfachsten Fällen sind alle Zellen morphologisch und physiologisch gleichartig. Erfolgt Arbeitsteilung, so ändert sich das Bild. In mehrreihigen Fäden können die äußeren Zellen zu Assimilationsorganen werden, während die inneren Trag- und Speicherfunktion übernehmen. Einer der häufigsten und im Lauf der späteren Entwicklung allgemein beibehaltener Fall von Arbeitsteilung besteht in der Ausbildung eines polaren Gegensatzes zwischen Basis und Spitze: An der Basis werden wurzelartige Haftorgane (Rhizoiden) ausgegliedert, während die Teilungs- und Wachstumsfähigkeit auf die Spitze übergeht; hier bildet sich ein Vegetationspunkt aus, der aus einer einzigen embryonalen Scheitelzelle oder aus einer Gruppe embryonaler Zellen besteht, immer aber der Ausgangspunkt der gesamten Entwicklung des Thallus ist (Abb. 9).

Verzweigung. Die Verzweigung gehört zu den bezeichnendsten Merkmalen der pflanzlichen Organisation überhaupt.

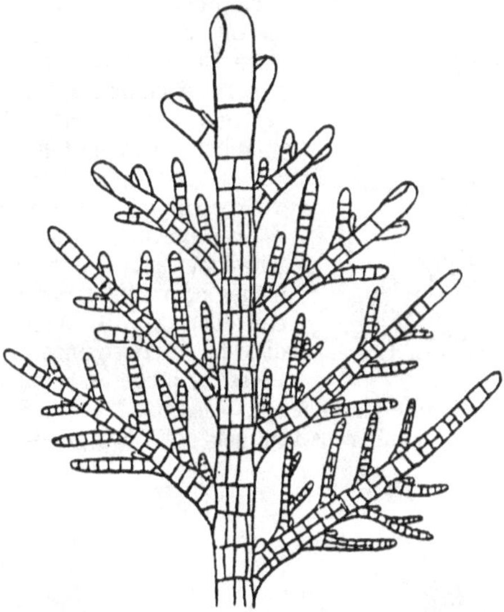

Abb. 9. *Halopteris filicina* (*Braunalge*), oberer Teil des Thallus mit Scheitelzelle und Seitenästen. Etwa 100fach, nach Goebel.

Während einfache Thalli sich regellos verzweigen, ist es bei den polar gebauten der Vegetationspunkt, durch dessen Tätigkeit Äste ausgegliedert werden. Grundsätzlich lassen sich zwei Verzweigungsarten unterscheiden: die seitliche und die gabelige. Die einfachst gebauten Thalli sind seitlich verzweigt, wobei an beliebigen Stellen die Teilungsrichtung wechselt. Im Fall der Gabelverzweigung (Dichotomie) spaltet sich der Vegetationspunkt in zwei gleichwertige Vegetationspunkte, die gleichartig weiterwachsen. Bei wiederholter Dichotomie entsteht das bezeichnende Bild, das etwa die braune Meeresalge *Dictyota* zeigt (Abb. 10; die dauernde Gabelung in einer Ebene hängt hier mit der bandartigen Abflachung des Thallus zusammen).

Abb. 10. *Dictyota dichotoma*, Teil eines Thallus. Etwa Lebensgröße; umgezeichnet nach Thuret.

Im Fall der seitlichen Verzweigung höher organisierter Thalli, die durch Übergänge (Hemmung eines Gabelastes) mit der dichotomen verbunden sein kann, gliedert der Vegetationspunkt nacheinander in bestimmten Abständen Seitenäste ab, die zwar zunächst wie die Hauptachse aussehen und Vegetationspunkte besitzen, aber schwächer entwickelt sind und oft früher oder später ihr Wachstum einstellen (Abb. 9). Wesentlich ist, daß die Verzweigungen gegen die Spitze zu jünger werden, in akropetaler Reihenfolge angelegt werden. Die jüngeren Astanlagen sind einander nahegerückt; die Hauptachse streckt

Abb. 11.

Abb. 12.

Abb. 11. *Chara* (Armleuchteralge), oberer Teil des Thallus mit Vegetationspunkt v, Seitenästen b und „Achseltrieb" a. Etwa Lebensgröße; nach Nordhausen.

Abb. 12. Schema eines Sympodiums.

sich vielfach erst später; der Vegetationspunkt wird dann samt seinen jüngsten Seitenästen von den älteren überwölbt, wodurch den Knospen der höheren Pflanzen analoge Bildungen entstehen (Abb. 11).

In den geschilderten Fällen seitlicher Verzweigung ist eine deutliche Hauptachse ausgebildet; ein solches Verzweigungssystem heißt Monopodium, gleichgültig wie die Seitenachsen im einzelnen stehen (z. B. in verschiedener Höhe [Abb. 9], zu mehreren in gleicher Höhe — wirtelig — [Abb. 11,

Abb. 13.

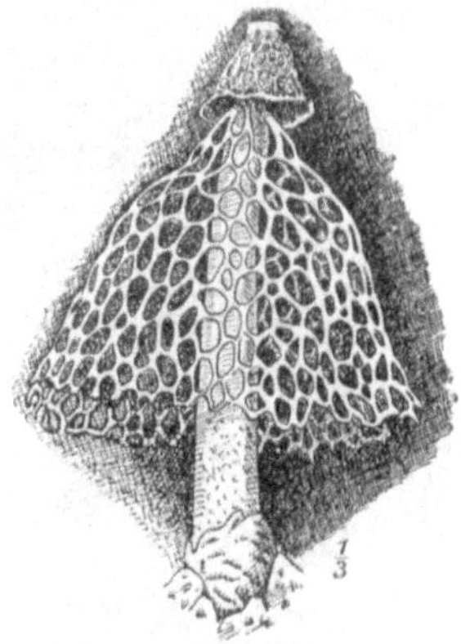

Abb. 14.

Abb. 13. Teil eines Thallus von *Delesseria* (*Hydrolapathum*) *sanguinea*, in die Ebene ausgebreitet. Bei ↓ entspringen aus der „Mittelrippe" die jungen „Blätter" der nächsten Vegetationsperiode; bei × ehemalige Mittelrippe mit Ansatzstellen von Seitenrippen eines „Blattes", dessen „Spreite" zugrunde gegangen ist (vgl. dazu S. 113). $^1/_4$ der nat. Gr.

Abb. 14. Tropische „Pilzblume": Fruchtkörper von *Dictyophora phalloidea*. Verklein., nach Möller.

105b], nach verschiedenen Raumrichtungen oder in einer Ebene, z. B. zweizeilig). Eine durchlaufende Hauptachse kann aber auch bloß vorgetäuscht werden; dies tritt dann ein, wenn der Hauptvegetationspunkt seine Tätigkeit einstellt und ein dicht darunter entspringender Seitenast seine Funktion übernimmt, weiterwächst und die steckengebliebene Hauptachse zur Seite drängt (Abb. 12); ein solches Verzweigungssystem heißt Sympodium (vgl. auch S. 42f.).

Entwicklungsgeschichte. Nach ihrem inneren Bau-

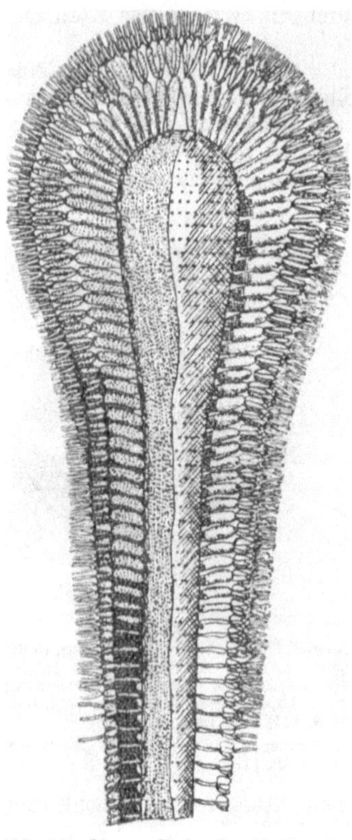

Abb. 15. Oberes Ende des Thallus der fossilen Siphonokladale *Petrascula bursiformis* längs aufgeschnitten: eine ungegliederte schlauchförmige Hauptachse, die mit regelmäßig verzweigten Astsystemen besetzt ist. 4fach vergr., nach Pia aus Hirmer.

plan lassen sich dreierlei Typen höher organisierter Thalli unterscheiden: 1. solche, die aus einem Zellfaden und seinen Verzweigungen oder auf Verzweigungssysteme zurückführbaren gewebeartigen Bildungen entstehen (die meisten Algen); 2. Thalli, die durch nachträglichen Zusammenschluß (Verflechtung) von zahlreichen, zwar anfangs auseinander entstandenen, aber dann größtenteils selbständig heranwachsenden Fäden entstehen (manche Rotalgen, die Fruchtkörper der Pilze); 3. Thalli, die aus einem einzigen Faden entstehen, der aber nicht wie in Fall 1 und 2 aus typischen Zellen aufgebaut ist und also keine Querwände besitzt, sondern nur die äußeren Zellwände bildet, so daß der ganze Thallus samt seinen Ausgliederungen ein riesiger Schlauch mit Tausenden von Zellkernen in gemeinsamem Plasma ist (siphonale Grünalgen, „Schlauchalgen", Algenpilze). Auf jedem dieser Wege sind hochentwickelte, untereinander und dem Kormus ähnliche Bildungen entstanden (analoge Konvergenz). Der Thallus von *Caulerpa*

(Abb. 5) ist ein Schlauch (Fall 3). Eine Kombination von Fall 1 und 3 bilden die siphonokladalen Grünanlagen, die in ihren schlauchförmigen Thallus an bestimmten Stellen Querwände eingezogen haben (Abb. 15). Die „Blätter" von *Delesseria*, die sogar eine scheinbare Nervatur aufweisen (Abb. 13), sind dagegen flächig verwachsene Seitenastsysteme (Fall 1). Welche hoch organisierte Bildungen durch Verflechtung von Pilzfäden entstehen (Fall 2), zeigen Abb. 14 und 16. Es ergibt sich hieraus, daß die Pflanzen mehrmals den Versuch unternommen haben, die Gliederung der höheren Pflanzen zu erreichen; der Ausgangspunkt für die Weiterentwicklung zum Kormus bildeten aber die unter 1 genannten Thalli.

Abb. 16. Thallus der Flechte *Cladonia verticillaris*. ¾ der nat. Gr., nach Goebel.

Eine gewisse Sonderstellung nehmen die Flechten ein. Ihre Thalli machen einen so einheitlichen Eindruck, daß sie lange Zeit hindurch für selbständige Lebewesen gehalten werden konnten. In Wirklichkeit setzen sie sich aber aus bestimmten Pilzen

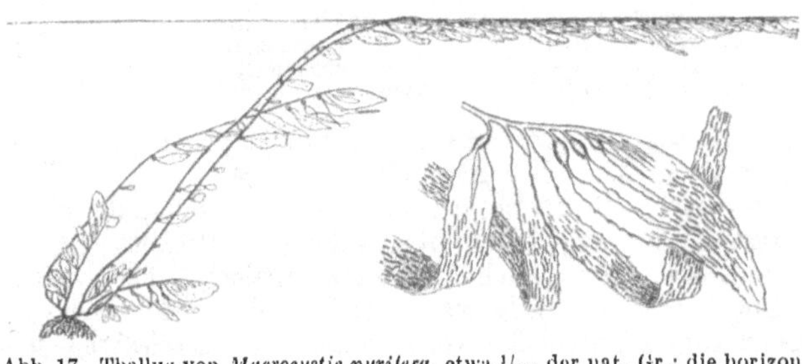

Abb. 17. Thallus von *Macrocystis pyrifera*, etwa $^1/_{100}$ der nat. Gr.; die horizontale Linie stellt den Wasserspiegel dar; rechts ein Thallusstück mit Schwimmblasen, schwächer verklein.; nach Skottsberg.

und Algen zusammen, die miteinander in Symbiose leben. Die beiden Partner sind derart aufeinander abgestimmt, daß im physiologischen Sinn ein dauerndes Gleichgewicht herrscht und morphologisch eine scheinbar einheitliche Bildung entsteht, und zwar eine Bildung, die weder Pilze noch Algen für sich allein hervorzubringen vermögen. Von der Komplikation der äußeren Form, die viele Strauchflechten erreichen, gibt Abb. 16 eine Vorstellung. Diese hochentwickel-

Abb. 18. Thallus von *Lessonia fuscescens*, etwa $^1/_{100}$ der nat. Gr.; nach Hooker und Harvey.

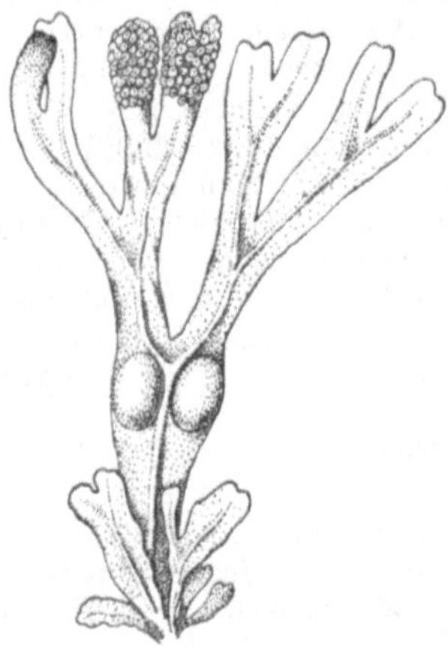

Abb. 19. *Fucus vesiculosus*, Thallusstück mit warzigen Konzeptakeln (oben) und zwei Schwimmblasen (Mitte unten). $^2/_3$ nat. Gr. Nach R. v. Wettstein (umgezeichnet).

ten Thalli werden vorwiegend vom Pilz aufgebaut, und zwar in der oben als Fall 2 geschilderten Weise.

Die starke Gliederung der Thalli und besonders die blattartige Abflachung bestimmter Teile (Oberflächenvergrößerung!), ist in Anbetracht der beträchtlichen Größe, welche viele Meeresalgen aufweisen, physiologisch bedeutungsvoll. Denn mit der steigenden Körpergröße sinkt die relative Oberfläche, die aber für den Stoffaustausch grundlegend wichtig ist. Manche Braunalgen gehören zu den größten Pflanzen überhaupt: so wird *Macrocystis* bis 60 m lang (Abb. 17), *Lessonia* bildet einen Thallus von palmenartigem Aussehen, dessen „Stamm" schenkeldick ist (Abb. 18).

Eine ähnlich große Mannigfaltigkeit wie im vegetativen Aufbau herrscht bei den Thallophyten auch hinsichtlich der Fortpflanzungsorgane. Während sich bei den Einzellern einfach die ganzen Zellen oder ihre Teilprodukte zu Fortpflanzungszellen umwandeln, kommt es bei den höheren Algen und Pilzen zur Bildung oft sehr komplizierter Organe, die dann auch auf besonders umgebildeten Tragästen sitzen können („Konzeptakeln" in den keulig angeschwollenen Thallusenden von *Fucus* (Abb. 19), „Sporenfrüchte" der Rotalgen; auch die schon erwähnten Fruchtkörper der Pilze sind eigentlich Fortpflanzungsorgane).

III. Bildung und Anordnung der Organe der höheren Pflanzen.

1. Der Vegetationspunkt und die Bildung der seitlichen Organe.

Die bereits bei den Thallophyten auftretende Polarität und das Wachstum mittels Vegetationspunkten ist eine allgemeine Eigentümlichkeit der höheren Pflanzen. Die **Knospe** enthält den Vegetationspunkt mit den Anlagen der Blätter (Primordialblätter) und Seitenzweige, wobei

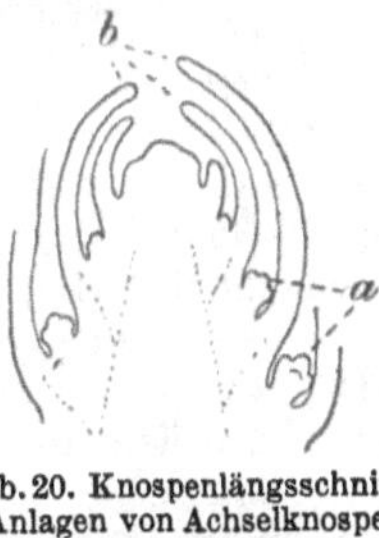

Abb. 20. Knospenlängsschnitt. a Anlagen von Achselknospen, b von Blättern. Stark vergr.; nach Nordhausen.

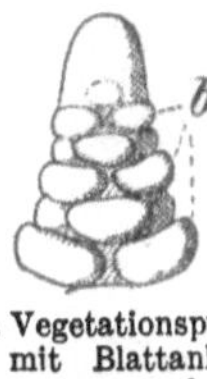

Abb. 21. Vegetationspunkt von *Elodea* mit Blattanlagen b. Stark vergr.; nach Nordhausen.

die unteren (älteren) Blätter als Umhüllung wirken (Abb. 20) und oft als Knospenschuppen besonders ausgebildet sind (vgl. Kap. IV 2, B b). Der Vegetationspunkt selbst ist manchmal flach, oft auch kegelig (Abb. 21). Die Blätter entstehen akropetal und oberflächlich (exogen) als kleine rundliche Höcker; sie bleiben zunächst infolge Fehlens einer Achsenstreckung dicht beisammen, wachsen aber heran, so daß sie den Vegetationspunkt überragen. Die Seitenzweiganlagen entwickeln sich, von seltenen Ausnahmen abgesehen, etwas später, aber gleichfalls akropetal und exogen.

Der Vegetationspunkt der Wurzel unterscheidet sich von dem des Sprosses durch die Bildung einer Wurzelhaube, die den Scheitel als Schutzgewebe fingerlingartig umgibt. Die Seitenwurzeln entstehen erst in einiger Entfernung vom Scheitel und wieder akropetal, aber endogen (vgl. Abschn. 5).

2. Die Grundtypen der Verzweigung.

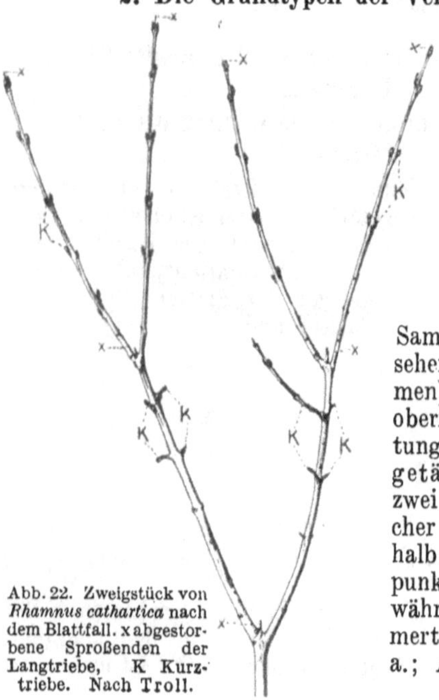

Abb. 22. Zweigstück von *Rhamnus cathartica* nach dem Blattfall. x abgestorbene Sproßenden der Langtriebe, K Kurztriebe. Nach Troll.

Wie am Thallus tritt auch am Kormus seitliche und dichotome Verzweigung auf. Dichotomie findet sich nur bei manchen Moosen, einigen Farngewächsen (Bärlappe), nicht aber bei den Samenpflanzen (abgesehen von gewissen Palmen). Doch können bei oberflächlicher Betrachtung Dichotomien vorgetäuscht werden, wenn zwei Seitenäste in gleicher Höhe dicht unterhalb eines Vegetationspunktes entspringen, während dieser verkümmert (Mistel, Flieder u. a.; Abb. 22); in Wirklichkeit liegt hier eine sympodiale Verzweigung, und zwar ein Dichasium vor (vgl. S. 44).

Die seitliche Verzweigung, die für die Farne und Samenpflanzen typisch ist, findet sich in der Form des Monopodiums und Sympodiums (vgl. S. 19). Monopodial verzweigt sind z. B. die Nadelbäume, sympodial viele Laubhölzer, z. B. die Ulme. Bei dieser wird das Ende des Haupttriebes im Sommer abgeworfen, während der unter ihm entspringende Seitenast den weiteren Aufbau übernimmt. Bei der Linde geht die Endknospe regelmäßig zugrunde und wird durch eine Seitenknospe ersetzt. Bei *Polygonatum* bildet das Ende der als Wurzelstock ausgebildeten unterirdischen Hauptachse alljährlich einen Laub- und Blütensproß, der am Ende der Vegetationsperiode zugrunde geht, während ein Seitensproß die Fortsetzung des Wurzelstocks übernimmt (Abb. 23). Zu den Sympodien im weiteren Sinn gehören auch die oben erwähnten falschen Dichotomien, bei denen der Aufbau nicht von einem, sondern von zwei Seitenästen übernommen wird. Übergänge zwischen monopodialer und sympodialer Verzweigung (durch Förderung bzw. Hemmung bestimmter Glieder) sind besonders in Blütenständen nicht selten (vgl. Abschn. 4 B).

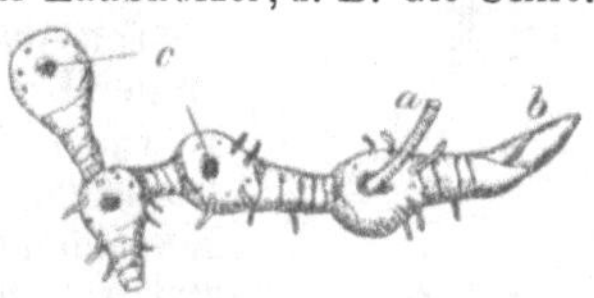

Abb. 23. Wurzelstock von *Polygonatum* im Herbst, schräg von oben gesehen. a diesjähriger Laubsproß, b Knospe des nächstjährigen, c Narben älterer Laubsprosse. Verklein.; nach Nordhausen.

3. Verzweigung und Blattstellung.

A. Axilläre Verzweigung.

Zwischen Seitensprossen und Blättern bestehen bei den höheren Pflanzen mit Ausnahme der Farngewächse regelmäßig engere Beziehungen. Bei den Moosen entstehen die Seitentriebe meist neben oder unterhalb eines Blattes. Bei den Samenpflanzen findet sich typisch Entstehung des Seitensprosses aus der Achsel eines Blattes (axilläre Verzweigung; Abb. 20). Man spricht demnach von Achselsprossen bzw. Achselknospen; das zugehörige Blatt heißt

Tragblatt (in der Blütenregion nennt man die Tragblätter auch **Deckblätter** oder **Brakteen**). In der Regel entsteht eine einzige Achselknospe, manchmal kommen noch sog. **Beiknospen** hinzu, die entweder nebeneinander (kollateral) oder übereinander (serial) angelegt werden. Scheinbare Abweichungen von der axillären Verzweigung können dadurch zustande kommen, daß an der Basis der Achselknospe Wachstumsverschiebungen eintreten, wodurch Verwachsung des Achselsprosses mit seiner Abstammungsachse oder mit dem Tragblatt eintritt; im ersten Fall wird der Achselsproß an der Hauptachse emporgehoben, entspringt also oberhalb des Tragblattes; im anderen Fall erscheint der Ansatz des Achseltriebs auf sein Tragblatt hinaufgerückt (Abb. 24) oder das Tragblatt auf den Achselsproß hinaufgeschoben. Ausnahmsweise können Tragblätter überhaupt fehlen (Blütenstände der Kruziferen und Umbelliferen), bei Pflanzen mit dichtstehenden Blättern (Nadelhölzer) und auch sonst (Blätter nahe der Blütenregion) können viele oder manche ohne Achselknospen bleiben.

Abb. 24. Fruchtstand der Linde. a Achselsproß, t mit ihm zum Teil verwachsenes Vorblatt. Nach Nordhausen.

Abb. 25. Zweijähriger Ulmensproß. a ruhende Knospen, b Kurz-, c Langtriebe. Nach Nordhausen.

Obwohl Blätter und Achselsprosse am Vegetationspunkt gleichartig angelegt werden, so ist ihr weiteres Verhalten doch sehr verschieden. Die Achselsprosse treiben in der Regel nach den Blättern aus; viele verharren aus inneren oder äußeren Gründen als schlafende Knospen oder „Augen“ jahrelang oder überhaupt im Ruhezustand. So bleiben z. B. am Ulmensproß die unteren Knospen gehemmt (Abb. 25); entfernt man aber die oberen Knospen, so werden die unteren zum Austreiben veranlaßt.

Nicht an die Regel der axillären Verzweigung gebunden sind Sprosse, die nachträglich an einer beliebigen Stelle entstehen; solche Adventivsprosse bilden sich bei manchen Dikotylen regelmäßig aus dem unterhalb der Keimblätter befindlichen Stammstück (Hypokotylsprosse).

B. Symmetrie und Blattstellung.

Für die Blattstellung ist die Symmetrie des Sprosses und seine Einstellung zur Außenwelt von wesentlicher Bedeutung. Aufrecht wachsende (orthotrope) Sprosse oder Pflanzenteile pflegen radiär zu sein, d. h. entsprechend der allseitig gleichmäßigen Einwirkung von Licht, Schwerkraft usw. zeigen sie in ihrem inneren Bau sowie in der Anordnung ihrer Ausgliederungen (Blätter, Seitensprosse) einen allseitig gleichen, konzentrischen Verteilungsplan; sie lassen sich durch mehr als einen Längsschnitt (Symmetrieebene) in zwei spiegelbildlich gleiche Hälften teilen. Einen Sonderfall bilden die disymmetrischen Körper mit zwei aufeinander senkrecht stehenden Symmetrieebenen. In geneigter Richtung zum Lot wachsende (plagiotrope) Sprosse, auf welche die Umwelt ungleichmäßig einwirkt, erleiden Abänderungen; sie bilden eine Ober- und Unterseite aus, werden dorsiventral; manchmal ist auch gar keine Symmetrieebene vorhanden.

Dorsiventralität läßt sich durch Außenbedingungen (Schwerkraft usw.) auslösen, jedoch nicht an allen Sprossen, sondern nur an solchen, die die entsprechende ererbte Reaktionsnorm besitzen. Abgesehen von den Außenbedingungen hängt aber das Auftreten der Dorsiventralität auch von der Stellung des Sprosses an der Mutterachse ab.

Der radiären, disymmetrischen und dorsiventralen Symmetrie als seitlicher Symmetrie läßt sich die Symmetrie in der Längsrichtung gegenüberstellen, welche die Gestaltung wesentlich mitbestimmt. Sie drückt sich in einer Förderung der Basis, Mitte oder Spitze des Sprosses (oder Blattes usw.) aus. Auf Spitzenförderung beruht z. B. das Aussehen des Ulmensprosses (Abb. 25) und allgemein die Sympodienbildung. Auf einem verschiedenen Verhalten hinsichtlich der Längssymmetrie beruht auch der auffallende Unterschied zwischen

Baum- und Strauchwuchs der Holzpflanzen. Im Fall der Bäume erfolgt die Weiterentwicklung des Sproßsystems durch Verzweigung von der geförderten Spitze der vorhergehenden Triebgeneration aus, bei den Sträuchern dagegen von der geförderten Basis. Im ersten Fall kommt es zur Bil-

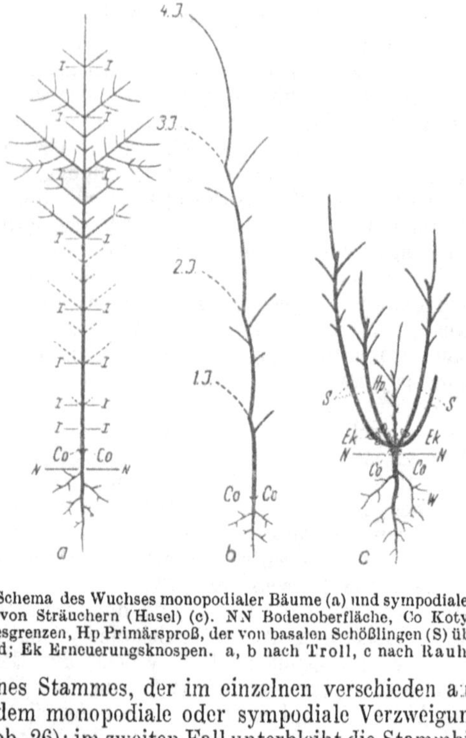

Abb. 26. Schema des Wuchses monopodialer Bäume (a) und sympodialer Bäume (b) sowie von Sträuchern (Hasel) (c). NN Bodenoberfläche, Co Kotyledonen, I—I Jahresgrenzen, Hp Primärsproß, der von basalen Schößlingen (S) übergipfelt wird; Ek Erneuerungsknospen. a, b nach Troll, c nach Rauh.

dung eines Stammes, der im einzelnen verschieden aussieht, je nachdem monopodiale oder sympodiale Verzweigung vorliegt (Abb. 26); im zweiten Fall unterbleibt die Stammbildung, da die Fortsetzung des Wachstums von basalen, den Haupttrieb übergipfelnden Trieben übernommen wird (Abb. 26c).

Die Blattstellung wird grundsätzlich durch die Anordnung der Blattanlagen am Vegetationspunkt bestimmt — wiewohl sekundäre Verschiebungen z. B. durch Drehung der Achse vorkommen — und hängt eng mit den Symmetrieverhältnissen des Vegetationspunktes zusammen. Ein gleichmäßig radiär-symmetrischer Vegetationspunkt bedingt wirtelige (quirlige) Blattstellung (über die Gliederung der Achse in Knoten und Internodien vgl. S. 10). Die Blätter eines Wirtels sind symmetrisch in gleichen Abständen angeordnet und am häufigsten zu zwei bis sechs vorhanden; im ersten Fall spricht man von gegenständigen Blättern. An aufeinanderfolgenden Knoten stehen die Wirtel alternierend, d. h. dem Blatt des einen entspricht eine Lücke des nächsten Wirtels. Eine Blattstellung mit alternierenden zweigliedrigen Wirteln heißt dekussiert (Abb. 27).

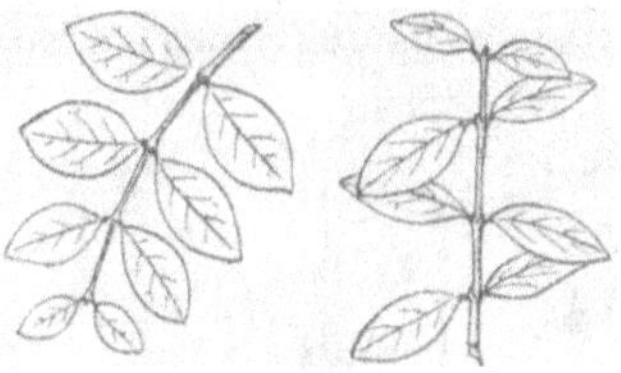

Abb. 27. *Symphoricarpus* (Schneebeere). a dorsiventraler, b radiärer Sproß mit dekussierter Blattstellung. Nach Nordhausen.

Im Falle unsymmetrischen Verhaltens des Vegetationspunktes entsteht an einem Knoten nur ein einziges Blatt, d. h. die Blätter folgen in verschiedener Höhe aufeinander. Bei der 2-zeiligen Blattstellung (Distichie oder ½-Stellung) sind die aufeinander folgenden Blätter um 180° gegeneinander verschoben und bilden so der Länge nach am Stamm zwei Reihen („Zeilen"). Tritt eine Drehung (Torsion) hinzu, so kann die Blattstellung über eine Schraubung der beiden Blattzeilen schließlich in eine rein schraubige (oder zerstreute) Blattstellung übergehen. Die Blätter entspringen in diesem Fall auf einer den Stamm umkreisenden Schraubenlinie (Abb. 28a). Von der Sproßspitze aus betrachtet erscheint diese Grundspirale in Gestalt einer Schneckenlinie mit der Sproßachse als Zentrum. Als solche wird sie auch in dem die Blattstellung graphisch darstellenden Diagramm eingetragen (Abb. 28b). Hier erscheint die Medianebene eines Blattes, d. h. die Ebene, welche durch die Sproßachse und die Mittellinie des Blattes gelegt wird, als Radius. Blätter, deren Medianebenen zusammenfallen, stehen somit genau übereinander; sie gehören derselben Gradzeile oder Orthostiche an. — Dadurch, daß die Internodien aufeinanderfolgender Blattanlagen kurz bleiben, können bei typisch zerstreuter Blattstellung Scheinwirtel entstehen (*Polygonatum verticillatum*; auch die scheinbar in gleicher Höhe entspringenden Seitenäste der Tanne — die ja aus Blattachseln entstehen — bilden Scheinwirtel).

Zur Unterscheidung der einzelnen Stellungsverhältnisse dient die Divergenz, d. h. der Winkel, den die Medianebenen (im Diagramm die Radien) zweier aufeinanderfolgender Blätter bilden. Sie wird seltener in Graden, meist in Bruchteilen des ganzen Stengelumfanges angegeben. In diesem Sinne spricht man von einer $^{1}/_{2}$-, $^{1}/_{3}$-, $^{2}/_{5}$-, $^{3}/_{8}$-, $^{5}/_{13}$- usw. Divergenz ($^{1}/_{2}$ = zweizeilig = distich). Praktisch läßt sie sich leicht feststellen, indem man von einem Blatt ausgeht und der Grundspirale folgend die Blätter bis zu dem nächsthöheren, der gleichen Orthostiche angehörigen Blatt abzählt. Alsdann gibt die Zahl der Blätter den Nenner, die der Umläufe den Zähler an. Beispielsweise liegen in Abb. 28 auf der Spirale von Blatt 1 bis zu dem darüberliegenden 6. Blatt 5 Blätter, wobei 2 Umläufe um den Stengel nötig waren: Divergenz $^{2}/_{5}$. An sehr dichtstehenden Blättern ist die Zugehörigkeit zu der Grundspirale und damit die Bestimmung der Divergenz recht schwierig. Dafür fallen meist mehrere Systeme sich kreuzender Schräg- oder Nebenzeilen (Parastichen, Abb. 29) auf.

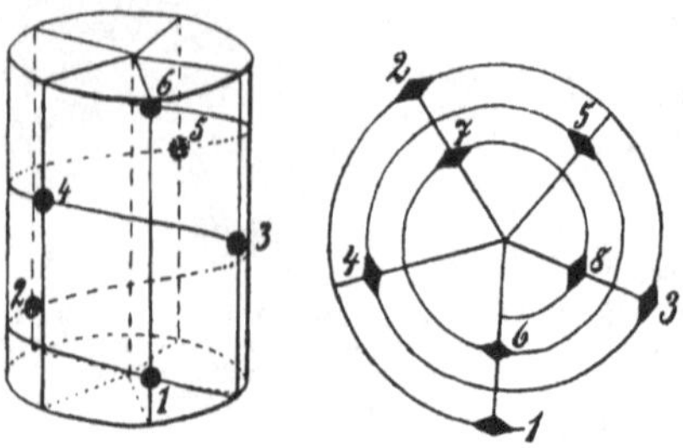

Abb. 28. Schema und Diagramm der $^{2}/_{5}$-Blattstellung. Nach Nordhausen.

Die oben aufgezählten Divergenzen sind die häufigsten.

In der ihnen dort zugewiesenen Reihenfolge bilden sie die Schimper-Braunsche Hauptreihe. Ihre Glieder sind dadurch leicht im Gedächtnis zu behalten, daß durch Addition der Zähler bzw. Nenner zweier aufeinanderfolgender Brüche die entsprechenden Werte der nächst höheren Divergenz erhalten werden. In Graden ausgedrückt schwankt die Größe der Divergenz innerhalb der Hauptreihe zwischen 180° (½) und 120° ($^1/_3$) und nähert sich weiterhin unter pendelartigen Schwingungen in gesetzmäßiger Weise einem Grenzwerte von zirka 137°.

Abgesehen von den besonders zu behandelnden Blütensprossen und abgesehen von den Keimpflanzen, ist die Blattstellung für die einzelne Pflanzenart und eventuell selbst Familie im allgemeinen ziemlich einheitlich, so z. B. die dekussierte bei den Labiaten, dreigliedrige Wirtel beim Oleander, $^2/_5$ Spiralstellung bei der Weide, Eiche usw. Indessen gibt es auch Abweichungen bei derselben Art bzw. am selben Individuum. *Lysimachia vulgaris* zeigt an verschieden kräftigen Sprossen 2-, 3- und 4-gliedrige Wirtel. Spiralstellungen können häufig an demselben Sproß in der Divergenz schwanken (Eibe $^2/_5$ und $^3/_8$). Bisweilen verhalten sich Haupt- und Nebenachsen regelmäßig verschieden, indem an ersteren $^1/_3$- oder $^2/_5$-, an letzteren ½-Stellung ausgebildet ist (Birke, Buche, Hasel). Bei der Hasel läßt sich experimentell die $^2/_5$-Stellung wieder hervorrufen, wenn durch starkes Zurückschneiden der Pflanze einzelne Triebe zu besonders üppigem Wachstum veranlaßt werden.

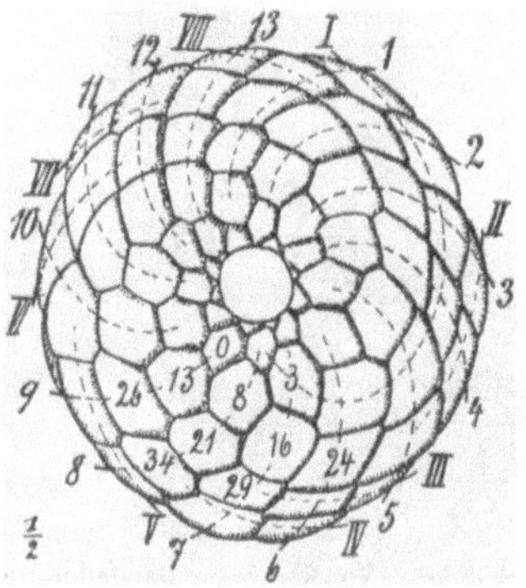

Abb. 29. Pinienzapfen von unten gesehen; die 8er Zeilen mit römischen, die 13er Zeilen mit arabischen Ziffern bezeichnet. Nach Nordhausen.

Die Achselsprosse besitzen entsprechend regelmäßige Stellung, wenn alle Anlagen zur Entwicklung kommen, was aber nur selten eintritt. An jungen Verzweigungen z. B. der Buche, Ulme findet sich ½-Stellung, beim Ahorn dekussierte Anordnung, beim Oleander dreigliedrige Wirtel. An mehr

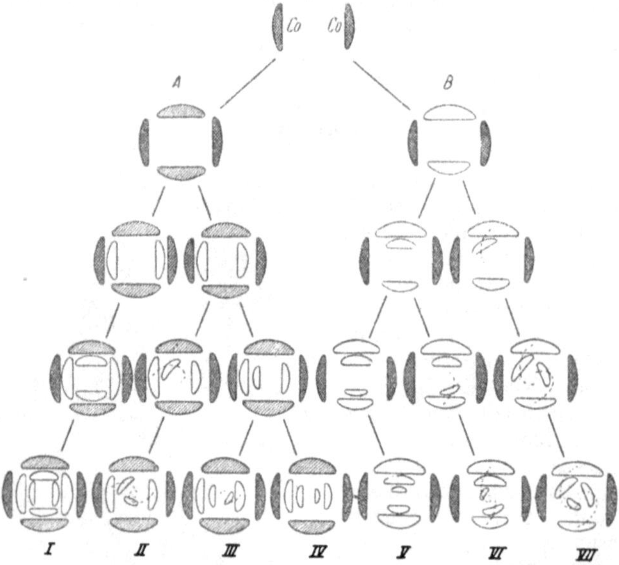

Abb. 30. Vergleichende Darstellung der Dikotylenblattstellungen in Diagrammen. Alle Stellungen gehen von der Wirtelstellung der Keimblätter aus (gekreuzt schraffiert). A *Phaseolus*-Typus, ausgezeichnet durch den Besitz eines zu den Keimblättern gekreuzten Primärblattwirtels (schraffiert); B *Vicia*-Typus, die auf die Keimblätter folgenden Blätter stehen bereits nach ½. Oben: Keimpflanze; unterste Reihe: endgültige Beblätterung (I Dekussierung, IV, V Distichie, II, III, VI, VII schraubige Stellung, die aus anfänglicher Distichie über gedrehte Distichie hervorgeht. Nach Haccius.

als zweigliedrigen Wirteln (*Elodea*, *Myriophyllum*) entwickelt sich meist nur ein einziger Achselsproß.

Wirtelige, 2-zeilige und schraubige Blattstellung zeigen bei verschiedenen Dikotylen bestimmte Beziehungen zueinander. Die beiden Keimblätter bilden einen **Wirtel**; auf sie kann in gekreuzter Stellung ein erstes Blattpaar folgen, wodurch Dekussierung erreicht ist, die weiterhin beibehalten werden kann; oder die ersten Blätter gehen zu **disticher** Stellung über, die ebenfalls festgehalten werden kann, oder über Schraubung der Zeilen in **schraubige** (zerstreute) Stellung übergeht. Nach Troll ist es wahrscheinlich, daß bei den Dikotylen allgemein die schraubige Stellung über gedreht-distiche und distiche auf Dekussierung zurückgeht. Die Ausprägung dieser Zusammenhänge ist allerdings bei verschiedenen Pflanzenarten verschieden (Abb. 30). Bei den Monokotylen ist die Grundstellung offenbar die 2-zeilige, von der sich die anderen Blattstellungen ableiten, und eine ähnliche Rolle spielt die Distichie wohl auch bei den Farnen.

An dorsiventralen Sprossen finden sich vielfach kompliziertere Verhältnisse. Licht und Schwerkraft greifen in die Gestaltung ein und bedingen Verschiebungen.

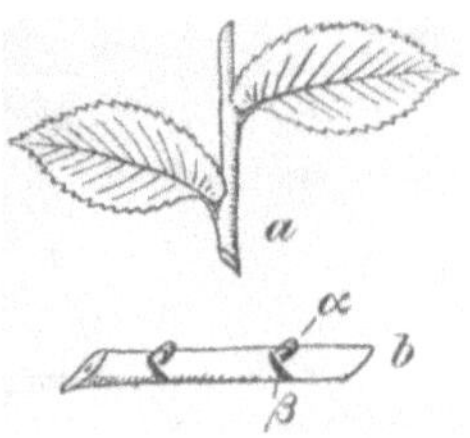

Abb. 31. Teil eines dorsiventralen Ulmensprosses. a von oben, b von der Seite (entblättert), α Achselknospen, β Blattnarben. Nach Nordhausen.

Im besonderen bewirkt das Licht eine Ausbreitung der Blätter in der Fläche und ein Herauschieben der Blätter nach der Zweigspitze hin, beides unter Vermeidung gegenseitiger Beschattung. Am einfachsten erfolgt die Ausbreitung in der Ebene, wenn die Blätter von vornherein seitlich an den Sproßflanken angeordnet sind und somit durch eine geringe Drehung ihrer Stiele in einer einzigen Fläche sich einstellen können. Derartige Sprosse pflegen auch im anatomischen Bau der Achse, in der Drehung der Ansatzstellen der Blätter in Richtung nach oben, oder durch Verschiebung der Axillarknospen nach der Oberseite zu, schließlich auch durch eine asymmetrische Ausbildung der Blätter ihren dorsiventralen Charakter auszudrücken. Bei der Buche ist z. B. die der Unterseite bzw. der Spitze des Sprosses zugekehrte Hälfte die kleinere, bei der Ulme die größere (Abb. 31). Ist die Blattstellung anders, so können, wie bei der Eiche mit $^2/_5$-Divergenz, die vorstehenden Merkmale ebenfalls ausgebildet sein, beschränken sich aber naturgemäß im wesentlichen nur auf die seitlichen Sproßflanken bzw. die daselbst sitzenden Blätter. In anderen Fällen kommt es aber durch nachträgliche Drehung (Torsion) der Internodien wieder zu einer zweizeiligen Blattanordnung. Die Blätter rücken auf die Flanken, gleichgültig, ob sie vorher spiralig oder dekussiert angeordnet waren (*Symphoricarpus*, Abb. 27).

In anderer Weise wird eine günstige Anordnung der assimilierenden Flächen auch durch ungleiche Ausbildung der Blätter

Abb. 32. Feldahorn. Anisophyllie eines dorsiventralen Seitenzweiges. Nach Nordhausen.

auf der Ober- und Unterseite des Sprosses, d. h. durch Anisophyllie erreicht. Dadurch, daß die Blätter der Unterseite in allen ihren Teilen, vor allem auch der Stiele, erheblich größer ausfallen, werden sie aus dem Schatten des Sprosses herausgeschoben (Abb. 32). Die Größendifferenz tritt bei dekussierter Blattstellung noch sichtbarer als bei spiraliger Stellung hervor. Die Blätter der Sproßflanken pflegen auch hier in gleichem Sinne asymmetrisch zu sein, indem ihre nach außen (unten) gekehrte Blatthälfte größer ausgebildet wird.

Nach dem gleichen Prinzip wie die Blattstellung vollzieht

sich die weitere Verzweigung eines Seitensprosses. Bezeichnen wir letzteren als Ausgliederung der Hauptachse als Zweig 1. Ordnung, so handelt es sich hier um die Stellungsverhältnisse der Glieder 2. Ordnung. Naturgemäß ist bei zweizeiliger Beblätterung eine günstige Anordnung auf den Flanken ohne weiteres gewährleistet, wie die fast in einer Fläche ausgebreiteten Verzweigungssysteme der Buche, Ulme usw. besonders im Schatten dartun (Abb. 51). Aber auch bei einer höheren Zahl von Blattorthostichen werden die Sprosse auf den Flanken stets gut ausgebildet, während sie auf der Ober- und Unterseite je nach den Umständen der Beleuchtung usw. reduziert sind. An den ziemlich wagrecht verlaufenden Tannenzweigen fehlen sie dort z. B. durchschnittlich beiderseits; an den mehr aufstrebenden Zweigen der Fichte und Pyramidenpappel sind sie auf der Unterseite gleichsinnig mit der Anisophyllie kräftiger ausgebildet. Anderseits lassen die überhängenden Zweige des Bocksdorns, der Traueresche u. a. eine Bevorzugung der nach außen gekehrten besser beleuchteten Oberseite erkennen.

4. Die Stellungsverhältnisse der Blütenteile und Blütenstandsachsen.

A. Die Blüte.

Die Blüte ist im morphologischen Sinn nichts anderes als ein unverzweigter Sproß mit beschränktem Wachstum, dessen Blätter ganz oder zum Teil im Dienst der sexuellen Fortpflanzung stehen; dazu kommt besonders bei den Angiospermen, daß die Internodien meist außergewöhnlich stark verkürzt sind, die Achse also stark gestaucht ist; das sichere Erkennen der Stellungsverhältnisse ist dann sehr erschwert (vgl. auch Kap. IV, 3).

Eine „vollständige" Blüte, wie sie für die Angiospermen typisch ist, besitzt abgesehen von der Achse, die den Blütenboden bildet, in der Reihenfolge von unten nach oben folgende Teile: die Kelchblätter (Sepalen) und Blumenkronblätter (Petalen), die zusammen die Blütenhülle (das Perianth) bilden — besteht die Hülle nur aus einerlei

Blättern, so heißt sie Perigon (Abb. 33) —, die Staubblätter, deren Gesamtheit Andrözeum heißt, und die Fruchtblätter, die das Gynäzeum bilden. Die Blumenkrone wird oft als Korolle bezeichnet, die Staubblätter heißen auch Stamina (Einzahl Stamen), unfruchtbare rückgebildete oder in den Dienst anderer Funktionen getretene Staubblätter Staminodien, die Fruchtblätter Karpelle. —

Abb. 33. Längsschnitt durch die Blüte von *Magnolia stellata*; die Blütenachse (schraffiert), die in diesem Fall wenig gestaucht ist, unten besetzt mit Perigonblättern, darüber mit Staubblättern, über diesen mit Fruchtblättern. Nach Troll.

Die Blattnatur dieser Gebilde ergibt sich abgesehen vom morphologischen Vergleich aus der Entwicklungsgeschichte: sie entstehen am Vegetationspunkt typisch als kleine Höcker in akropetaler Reihenfolge (auch abnorme Vergrünungen deuten in der gleichen Richtung). Durch frühzeitiges Mitheranwachsen ihrer gemeinsamen Basen kann es zur Bildung eines Ringewulstes kommen, aus dem sich dann „verwachsenblätterige" Kelche, Blumenkronen usw. entwickeln (kongenitale Verwachsung, Abb. 34). Der Ausdruck „Verwachsung" in diesem Sinn ist also bildlich bzw. phylogenetisch zu verstehen[1]).

Die den Blüten benachbarten (nächst unteren) Blätter nehmen oft eine von den Laubblättern abweichende Beschaffenheit und Funktion an; solche Hochblätter sind die Deckblätter (Tragblätter), in deren Achseln die Blüten- oder Blütenstandsachsen entspringen, und die Vorblätter (die allerdings auch fehlen können). Bei den Dikotylen sind die Vorblätter meist in der Zweizahl, und zwar seitlich, rechts und links (transversal) angeordnet, bei den Monokotylen meist in der Einzahl auf der dem Muttersproß zugekehrten „hinteren" Seite eingefügt (adossiert). Ausnahmen kommen nicht selten vor (ein einziges — adossiertes — Vorblatt bei Magnoliaceen, Lauraceen u. a. Dikotylen, 2 Vorblätter bei Juncaceen, Restionaceen u. a. Monokotylen). Bei der Linde (Abb. 24) ist das eine der beiden Vorblätter stark rückgebildet, das andere zu einem Flügel ausgestaltet und mit der Achse verwachsen.

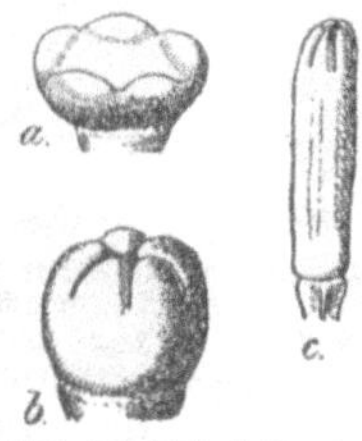

Abb. 34. Entwicklung der röhrenförmigen Blumenkrone von *Heliopsis*. a, b stärker als c vergr. Nach Payer.

Die Stellung der Blütenteile kann schraubig (azyklisch), wirtelig (zyklisch) oder teils schraubig, teils zyklisch (hemizyklisch) sein; sie erscheint vielfach von der Stellung der Laubblätter unabhängig. Doch werden Wirtel in der Blüte bei sonstiger schraubiger Blattstellung infolge der Kürze der Internodien oft nur vorgetäuscht, es liegen dann also in solchen „zyklischen" Blüten tatsächlich Scheinwirtel vor. Zwischen deutlicher und verwischter Schraubenstellung finden sich z. B. bei den Polycarpicae alle möglichen Übergänge. Bei *Calycanthus* gehen die sonst dekussierten Laubblätter unterhalb der Blüte in eine Schraube über, an die sich die Blütenhülle unmittelbar anschließt. Bei Enzian-

[1]) Postgenitale oder echte Verwachsungen, d. h. Verwachsung ursprünglich tatsächlich getrennter Organe, sind bei höheren Pflanzen im allgemeinen selten und finden sich häufiger nur im Bereich des Gynäzeums.

arten drückt sich die dekussierte Laubblattstellung noch im fünfzipfeligen (aus fünf kongenital verwachsenen Blättern bestehenden) Kelch endständiger Blüten darin aus, daß zwei gegenüberliegende Zipfel, die sich zu dem letzten Laubblattpaar ge-

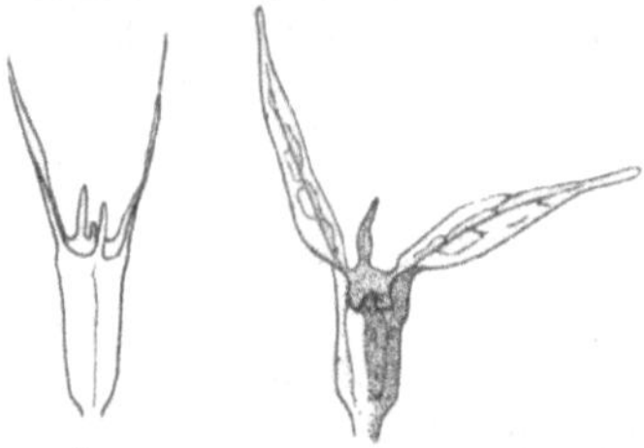

b a

Abb. 35. *Gentiana asclepiadea.* a vierzähliger Kelch einer Gipfelblüte; b Übergangsform zwischen Vier- und Fünfzähligkeit. Etwas verkleinert.

Abb. 36. Diagramme des Perigons von Polygonazeen mit $^2/_5$-Stellung und zwei dreigliedrigen Wirteln.

kreuzt einstellen, gefördert sind (Abb. 35); auch sonst finden sich alle Übergänge zwischen Fünf- und Vierzähligkeit der Blütenhülle. Die $^2/_5$-Stellung und die Bildung zweier dreigliedriger Wirtel gehen in der Blütenhülle leicht dadurch ineinander über, daß Blatt 3, das auf der einen Seite Blatt 5 übergreift, auf der anderen von Blatt 1 übergriffen wird (vgl. Abb. 28), sich in zwei Hälften spaltet, deren eine dem äußeren, die andere dem inneren Dreierviertel sich einordnet (Abb. 36). Bei manchen Knöterichartcn mit fünfzähligen Blüten ist das

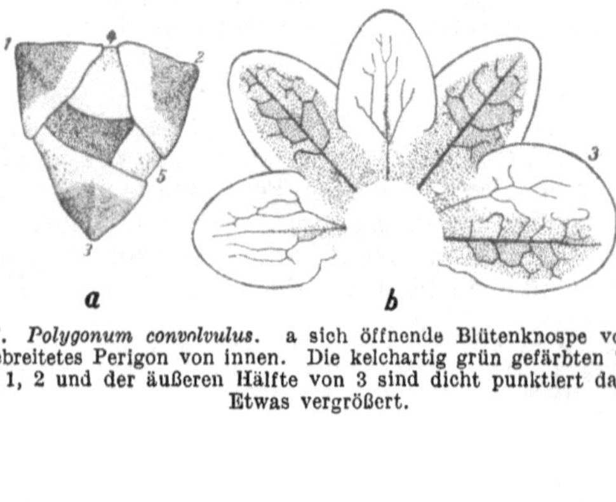

a b

Abb. 37. *Polygonum convolvulus.* a sich öffnende Blütenknospe von oben, b ausgebreitetes Perigon von innen. Die kelchartig grün gefärbten Teile der Blätter 1, 2 und der äußeren Hälfte von 3 sind dicht punktiert dargestellt. Etwas vergrößert.

Blatt 3 breiter als die anderen und zeigt auf der einen Seite kelchartige, auf der anderen korollartige Beschaffenheit (Abb. 37). Der dreieckige Umriß (Abb. 37a) täuscht Dreizähligkeit vor, die tatsächlich erreicht ist, wenn sich Blatt 3 in zwei Blätter spaltet.

Abb. 38. Verschiedene Zahlen (6—9) im Perianth von *Anemone nemorosa* am natürlichen Standort.

Solche Veränderungen in den Zahlenverhältnissen, die stammesgeschichtlich eine wichtige Rolle gespielt haben, treten vielfach an demselben Individuum auf; so sind z. B. bei Ranunkulazeen die Zahlenverhältnisse noch wenig stabilisiert (Abb. 38); in anderen Fällen sind die Zahlen streng festgelegt (Kruziferen).

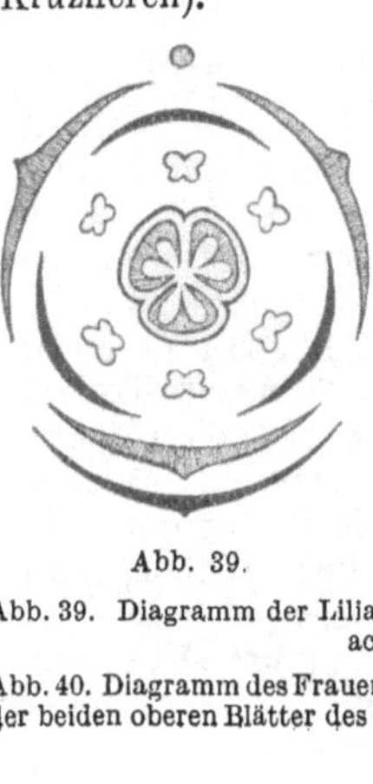

Abb. 39.

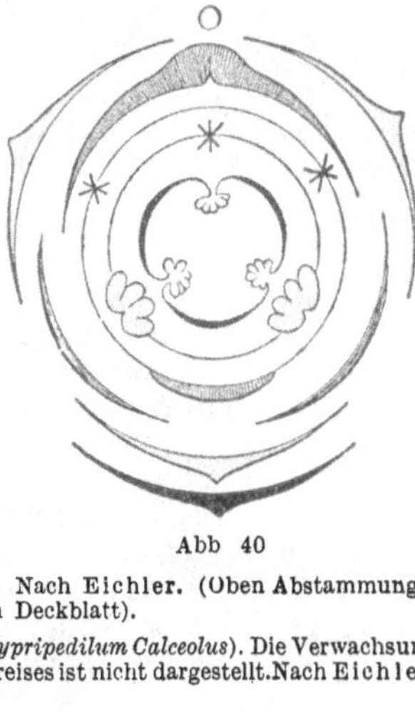

Abb 40

Abb. 39. Diagramm der Liliazeenblüte. Nach **Eichler**. (Oben Abstammungsachse, unten Deckblatt).

Abb. 40. Diagramm des Frauenschuhs (*Cypripedilum Calceolus*). Die Verwachsung der beiden oberen Blätter des äußeren Kreises ist nicht dargestellt. Nach **Eichler**.

Durch den morphologischen Vergleich läßt sich für einen bestimmten Formenkreis ein Typus aufstellen, aus dem sich die einzelnen Blütenformen ableiten lassen. So bestehen die Liliazeen-Blüten aus dreigliedrigen Wirteln (Abb. 39). Die Blüte des Frauenschuhs (Abb. 40) leitet sich aus diesem Typus dadurch ab, daß nur zwei Staubblätter (des inneren Kreises)

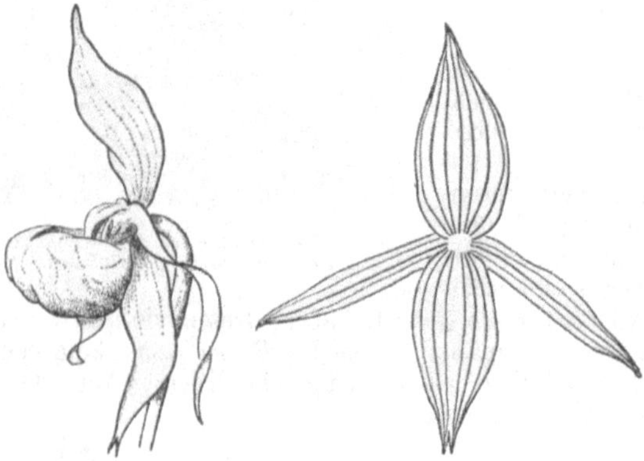

a *b*

Abb. 41. *Cypripedilum calceolus.* a Blüte; b Perigon ohne das den „Schuh" bildende Blatt. Etwa 1/2 der nat. Größe; a verändert nach Hegi.

erhalten, drei andere (Kreuze!) völlig rückgebildet, „ausgefallen" sind, und eines staminodial geworden ist; statt der sechs Perigonblätter sind scheinbar nur fünf vorhanden: eines von ihnen läßt aber deutlich die (kongenitale) Verwachsung aus zwei Blättern erkennen (Abb. 41), ein anderes ist stark gefördert und zum „Schuh" umgebildet. Die Blüte ist damit gleichzeitig aus einer radiären (aktinomorphen) zu einer dorsiventralen (zygomorphen) geworden. Der Schuh erscheint dabei als Unterlippe, steht aber morphologisch oben; seine tatsächliche Stellung kommt dadurch zustande, daß sich der Fruchtknoten — der unterständig geworden ist — um 180° gedreht hat (Resupination). — Ein anderes Beispiel ist die *Linaria*-Blüte, die auf eine radiäre fünfzählige Blüte zurückgeht (Abb. 42, 43): die Dorsiventralität drückt sich in dem Ausfall des mittleren oberen Staubblatts und der Förderung des mittleren unteren Kronblatts, das zu einem Sporn ausgezogen ist, aus; zudem sind die Kronblätter ± miteinander kongenital verwachsen, der Fruchtknoten ist zweifächrig geworden.

Fällt die Symmetrieebene wie bei *Linaria* und beim Frauenschuh mit der durch Blütenachse und Muttersproß gelegten Medianebene der Blüte zusammen, so spricht man von mediandorsiventralen Blüten; dies ist der gewöhnliche Fall.

a

Abb. 42. Blüte von *Linaria vulgaris*. Nach Nordhausen.

Abb. 43. Diagramm der *Linaria*-Blüte (+ ausgefallenes Staubblatt). Aus Nordhausen.

Bilden beide einen rechten Winkel, so spricht man formal von Transversaldorsiventralität (Lerchensporn)[1]. In seltenen Fällen geht die Symmetrie überhaupt verloren (asymmetrische Blüten von *Canna*, vgl. S. 85). Radiäre und dorsiventrale Blüten können gesetzmäßig im gleichen Blütenstand vorkommen, letztere befinden sich dann an der Peripherie (vgl. Kap. IV, 3 C). Typischerweise dorsiventral ausgebildete Blüten können abnormerweise auch radiär werden; solche Pelorien bilden sich oft an Stelle der sonst fehlenden Endblüte, außerdem gibt es erbliche Rassen, die durchwegs pelorische Blüten bilden (Löwenmaul).

Je nach der Zahl der Kreise (Zyklen) unterscheidet man z. B. tetrazyklische Blüten (mit vier Kreisen — *Linaria*), pentazyklische (mit fünf Kreisen) usw.; die Zahl der Glieder

---

[1]) Die sog. „Transversaldorsiventralität" entsteht aber durch Umbildung disymmetrischer Blüten (mit 2 Symmetrieebenen, eine in der Mediane, eine senkrecht auf sie) dadurch, daß die eine Seite gefördert wird.

eines Wirtels beträgt oft fünf (pentamere Blüten — *Linaria*), vier (tetramere Bl. — *Evonymus*), drei (trimere Bl. — *Lilium*, Frauenschuh) usw.

Die Mannigfaltigkeit, die durch Vermehrung oder Verminderung in den verschiedenen Kreisen der Blüte eintritt, ist außerordentlich groß; sie kann hier nicht einmal andeutungsweise geschildert werden. Erwähnt sei, daß besonders häufig im Andrözeum Vermehrung, im Gynäzeum Verminderung erfolgt; so finden sich z. B. oft zwei oder mehr fünfgliedrige Staubblattkreise, während die Zahl der Fruchtblätter auf zwei zurückgeht. Es handelt sich dabei um eine allgemeine fortpflanzungsbiologisch und ernährungsphysiologisch verständliche Erscheinung: Massenerzeugung der männlichen Geschlechtszellen zwecks Sicherung der Befruchtung, Rückbildung der Zahl der Eizellen zwecks ausreichender Ernährung der Embryonen. Doch kann das gleiche Ergebnis auch auf ganz anderem Weg erreicht werden, so unter Verminderung im Andrözeum durch ökonomische Bestäubung oder Massenerzeugung männlicher Blüten.

B. Der Blütenstand (Infloreszenz).

Zwischen einzelnen in der Achsel gewöhnlicher Laubblätter stehenden Blüten und ausgeprägten Blütenständen gibt es alle Übergänge. Der Blütenstand ist ein Sproßsystem mit Blüten, das statt Laubblättern Hochblätter oder gar keine Blätter trägt und vegetativ nicht weiter wächst. Im allgemeinen treiben alle Achselknospen aus, so daß eine viel dichtere Verzweigung als in der Laubblattregion entsteht. Nach der Verzweigungsart lassen sich praktischerweise monopodiale (razemöse, traubige) und sympodiale (zymöse, trugdoldige) Blütenstände unterscheiden (Abb. 44).

I. Razemöse Blütenstände. Die Entwicklung erfolgt akropetal, die Aufblühfolge ist von unten nach oben bzw. bei gestauchter Hauptachse von außen nach innen (Abb. 95).

1. Seitenachsen unverzweigt. a) Traube: Hauptachse und Seitenachsen gestreckt (Kruziferen)[1]. b) Ähre: Hauptachse

[1]) Die Weintraube ist eine Rispe (vgl. 2).

(„Spindel") gestreckt, Seitenachsen verkürzt, also Blüten „sitzend" (Wegerich); ist die Hauptachse fleischig, so spricht man von einem Kolben; Ähren oder ährenartige Blütenstände, die nach der Reife abfallen und meist an biegsamer Achse hängen, heißen Kätzchen (Pappel, Weide). c) Dolde: Hauptachse gestaucht, Seitenachsen gestreckt (Umbelliferen, Primel). d) Köpfchen: Hauptachse gestaucht und oben oft verbreitert, Seitenachsen gestaucht, also Blüten sitzend

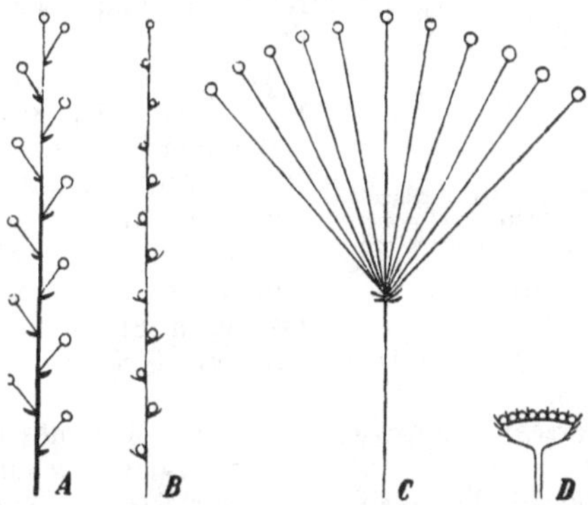

Abb. 44. Schemata einiger razemöser Blütenstände. A Traube, B Ähre, C Dolde, D Köpfchen. Aus Strasburger-Karsten.

(Kompositen); in den beiden letzten Fällen bilden die Hochblätter meist eine Hülle (Involukrum) um den Blütenstand (Abb. 95).

2. Durch Verzweigung der Seitenachsen entstehen zusammengesetzte Dolden, Ähren usw. Zusammengesetzte Trauben von länglichem Wuchs heißen Rispen (Flieder), bei flacher Ausbreitung Doldenrispen oder Ebensträuße (Holunder). Durch Vereinigung verschiedener Verzweigungsformen entstehen Ährentrauben usw. — Die ährenartigen Teilblütenstände der Gräser heißen Ährchen.

II. Zymöse Blütenstände. Die Hauptachse bleibt in der Entwicklung stehen, die Seitenachsen, die sich weiter verzweigen, setzen den Aufbau fort; die Entwicklung im ganzen erfolgt daher basipetal, die Aufblühfolge ist von oben nach unten bzw. von innen nach außen.

Entspringen aus der relativen Hauptachse in gleicher oder ungleicher Höhe zwei gleichwertige Seitenzweige, so liegt ein Dichasium (Abb. 45), im Fall mehrerer, wirtelig entspringender Seitenzweige ein Pleiochasium vor: ist nur eine einzige Seitenachse an der relativen Hauptachse vorhanden, so entsteht das Monochasium (fällt dabei der Ansatz jedes Seitenastes abwechselnd rechts und links von der Mediane der Mutterachse, so ergibt sich eine Wickel, fällt sie stets auf die gleiche Seite, eine Schraubel, fallen die Ebenen zusammen, Sichel u. Fächel); die Spirre (Juncaceen) ist ein aus Sicheln aufgebautes Pleiochasium.

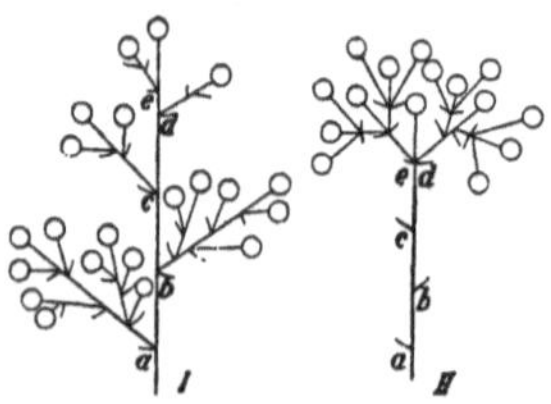

Abb. 45. Schema der Beziehung zwischen razemösen (I) und zymösen (II) Blütenständen; I Rispe mit Endblüte, II Dichasium (a—e Tragblätter). Nach Goebel.

Die Unterschiede zwischen razemösen und zymösen Blütenständen sind oft nicht scharf (gemischt razemös-zymöse Blütenstände!). Die Ableitung eines zymösen aus einem razemösen Blütenstand veranschaulicht Abb. 45.

Besondere Ausgestaltungen der Achse können ein eigenartiges Aussehen hervorrufen. So ist die Feige ein zymöser Blütenstand, dessen fleischige Achse becherförmig eingekrümmt ist, so daß die Blüten innen zu stehen kommen; diese Bildung ist durch Übergänge — flach ausgebreitete fleischige Achse bei *Dorstenia* — mit den köpfchen- oder kätzchenförmigen Blütenständen, z. B. der Maulbeere, verbunden (abnormerweise treten auch bei der Feige Blütenstände mit flach ausgebreiteter Achse auf).

5. Die Stellungsverhältnisse der Wurzel.

Die bei der Keimung der Samenpflanzen zuerst entstehende Keimwurzel bildet die Verlängerung des Hauptsprosses nach unten und steht in polarem Gegensatz zu ihm. Sie wird bei den Gymnospermen und Dikotylen zur Hauptwurzel, aus der in akropetaler Reihenfolge Seitenwurzeln — die wieder verzweigt sein können — entstehen. So bildet sich ein vom Sproß deutlich gesondertes Wurzelsystem (allorhize Bewurzelung). Bei den Monokotylen geht dagegen die Keimwurzel zugrunde, während sich aus der Stengelbasis neue Wurzeln bilden (Adventivwurzeln), die sich ihrerseits verzweigen können (homorhize Bewurzelung). Bei den Farngewächsen entsteht überhaupt keine Hauptwurzel, sondern es werden von Anfang an Seitenwurzeln gebildet, was damit

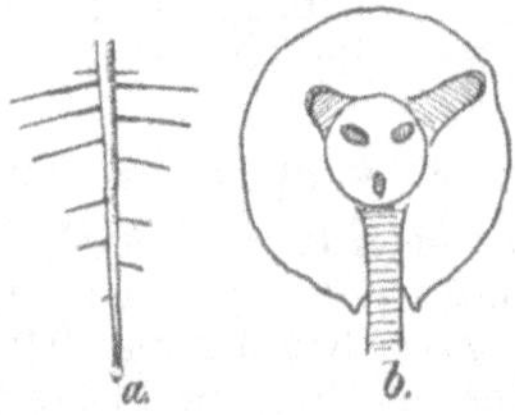

Abb. 46. Verzweigung der Wurzel. a Lupine; b Erbse, Querschnittsbild mit verschieden alten durchbrechenden Seitenwurzeln. Nach Nordhausen.

Abb. 47. Blattsteckling der Begonie: aus der Basis eines Blattstücks ist ein bewurzelter Adventivsproß entstanden. Nach Nordhausen.

zusammenhängt, daß der Embryo nicht wie bei den Samenpflanzen bipolar (in Sproß und Wurzelpol) gegliedert ist. Nachträglich gehen auch mehrjährige Dikotyle zur homorhizen Bewurzelung über, indem sie z. B. am weiterwachsenden Ende des Wurzelstocks neue Wurzeln bilden, während das ursprünglich vorhandene allorhize Wurzelsystem eingeht.

Die Seitenwurzeln entstehen endogen, d. h. im Innern der Mutterwurzel, deren Rinde sie durchbrechen. Im Zusammenhang mit der Leitbündelanordnung der Mutterwurzel stehen sie in geraden Reihen von meist bestimmter Zahl, z. B. bei der Lupine in zwei, bei der Erbse in drei Reihen (Abb. 46). Innerhalb einer Reihe befinden sie sich in unregelmäßigen Abständen; an gekrümmten Stellen der Mutterwurzel bilden sie sich nur an den konvexen Seiten.

Adventivwurzeln können an beliebigen Stellen der Pflanze entstehen, besonders häufig werden sie aber an ober- oder unterirdischen Stammteilen gebildet (z. B. sproßbürtige Wurzeln beim Efeu, Abb. 108). Bekannt ist die leichte Bildung von Adventivwurzeln an abgeschnittenen Trieben der Weide, Pappel usw. Auch abgetrennte Blätter sind oft fähig, sich zu bewurzeln (Blattstecklinge, Abb. 47). Ihre Entstehung ist, von Ausnahmen abgesehen (*Neottia*, *Cardamine*), endogen. Am Stamm entspringen sie oft unterhalb oder seitlich vom Blattansatz oder aus der Blattachsel (*Cardamine*), mitunter aber auch aus den Internodien (Abb. 108, viele Rhizome). Bei geneigter Lage der Mutterachse entwickeln sie sich oft streng einseitig, z. B. beim Efeu auf der vom Licht abgekehrten und der feuchten Unterseite zugekehrten Seite (Abb. 108).

IV. Die besondere Gestaltung der höheren Pflanzen.

Unter Berücksichtigung der Homologien und Analogien lassen sich bei den höheren Pflanzen die Organe im allgemeinen aus den Grundformen Wurzel, Stamm und Blatt ableiten. Doch besitzen, wie schon erwähnt, die Moose typisch keine Wurzeln und ihre „Stämmchen" und „Blättchen" sind mit denen der Farngewächse und Samenpflanzen nicht homolog (vgl. auch Kap. V, 1); sie werden jedoch wegen des übereinstimmenden, wohl homologen Baus ihrer Geschlechtsorgane mit jenen zusammen als Kormophyten bezeichnet. Primitive fossile Farnpflanzen bildeten noch ungegliederte Stämme ohne Wurzeln und Blätter, den rezenten Psilotinen fehlen Wurzeln[1]). Bei *Selaginella* (Moosfarn) kommen wurzelähnliche Sprosse vor (Wurzelträger), sie zeigt also noch nicht ausgeprägt den sonst so scharfen Gegensatz zwischen Sproß und Wurzel. Auch bei verwandten Bärlappen finden sich zwischen Sproß und Wurzel noch große Ähnlichkeiten in der Verzweigung und im anatomischen Bau. — Von untergeordneter Bedeutung ist es, wenn in einzelnen Fällen das eine oder andere Grundorgan nicht vorhanden oder nicht erkennbar ist. Im Zusammenhang mit Rückbildung bei parasitischer oder sonst spezialisierter Lebensweise kann die zugehörig-

[1]) Das Problem der stammesgeschichtlichen Entstehung der Blätter (aus Systemen oder Enden von Gabeltrieben = Telomen) kann hier nicht behandelt werden. Vgl. H. Heil, Sammlung Göschen Bd. 1137.

keit von Bildungen zum einen oder anderen Grundorgan manchmal nicht sicher entschieden werden (thallusartige Gestaltung bei Podostemonazeen und Wasserlinsen, Saugorgane — Haustorien — bei Parasiten). Auch können Teile, die im allgemeinen für eine Grundform typisch sind, manchmal fehlen, z. B. bei der Roßkastanie die Wurzelhaube; umgekehrt können z. B. Wurzelhaare ausnahmsweise dort auftreten, wo sie nicht „hingehören“ (am unterirdischen Stamm — Wurzelstock — des Rohrkolbens). All dies sind Grenzfälle; wesentlich ist, daß die große Mannigfaltigkeit, die sich besonders bei den Angiospermen findet, letzten Endes auf der Abwandlung einiger weniger Grundorgane beruht.

1. Die Wurzel.

A. Allgemeines.

Die Wurzel unterscheidet sich, abgesehen von ihrem inneren Bau, typisch dadurch vom Sproß, daß sie niemals Blätter ausbildet, daß sie — abgesehen von der Hauptwurzel — endogen entsteht, am Scheitel die Wurzelhaube und in einiger Entfernung die der Nahrungsaufnahme dienenden in den älteren Teilen wieder absterbenden Wurzelhaare ausbildet. Im Unterschied zum Sproß mit seiner langen Wachstumszone an der Spitze findet sich an der Wurzel typischerweise nur eine kurze (wenige Millimeter lange) Wachstumszone. Dazu kommen noch bestimmte anatomische und physiologische für die Wurzel bezeichnende Merkmale. — Obwohl die Bildung von Blättern an Wurzeln unmöglich ist, vermögen doch manche flach wachsenden Wurzeln endogen Sprosse zu bilden, die zu selbständigen Pflanzen werden (Wurzelschosse z. B. der Pappel); beim chlorophylllosen Fichtenspargel (*Monotropa hypopitys*) besteht der gesamte Vegetationskörper überhaupt nur aus einem Wurzelsystem, das alljährlich Blütensprosse bildet (Abb. 48; bei der Samenkeimung bleibt der Sproßpol unentwickelt). Daß ausnahmsweise Wurzeln nicht endogen entstehen, wurde schon erwähnt, ebenso, daß die Wurzelhaube mitunter fehlt; bei manchen Wasserpflanzen (*Azolla, Hydrocharis*) wird sie frühzeitig abgeworfen. Bei anderen

Wasserpflanzen (*Butomus*, Wasserlinse) und manchen Nadelhölzern (Kiefer, Thuja) fehlen die Wurzelhaare[1]). Den Psilotinen und einigen Blütenpflanzen (Parasiten, Wasserpflanzen wie *Salvinia*, *Ceratophyllum*, *Utricularia*) fehlen die Wurzeln bzw. sind rückgebildet.

Bei Erhaltenbleiben und Verzweigung der Hauptwurzel entsteht die sog. Pfahlwurzel, bei Zugrundegehen derselben und Adventivwurzelbildung die sog. Büschelwurzel (vgl. S. 45). Hauptsächlich unter dem Einfluß der Schwerkraft wächst die Hauptwurzel vertikal abwärts, die Seitenwurzeln wachsen horizontal oder schräg abwärts; nur die Seitenwurzeln höherer Ordnung zeigen keine bestimmte Einstellung zum Lot. In besonderen Fällen wachsen Seitenwurzeln auch vertikal aufwärts (sog. Atemwurzeln von Sumpfpflanzen [S. 51], „Nestwurzeln“ mancher Epiphyten). Die Gesamtlänge von Wurzelsystemen erreicht bei reichlicher Verzweigung oft erstaunlich hohe Werte (bei einer Getreidepflanze unter Umständen über 100 m).

Abb. 48. Blütensprosse von *Monotropa hypopitys* (Fichtenspargel).

B. Gestalt und Funktion.

Die zunächst der Nahrungsaufnahme und Befestigung dienende Wurzel („Erdwurzel“) ist nicht selten zu Kletter-,

[1]) Die auffallende wurzelhaubenartige Bildung der Wasserlinse ist keine Wurzelhaube, sondern eine sog. Wurzeltasche, d. h. ein Gewebemantel, der aus dem die Wurzelanlage umgebenden Sproßgewebe entsteht.

Speicher-, Atem- oder selbst blattartigen Assimilationsorganen umgebildet oder in anderer Weise ausgestaltet (mit Dornen besetzte Wurzeln bei Palmen, von Ameisen besiedelte ausgehöhlte Wurzeln bei *Myrmecodia* u. a.). Fast immer handelt es sich dabei um Adventivwurzeln. Die morphologischen Veränderungen sind oft sehr bedeutend.

Im Dienst der Aufnahme von Regen- und Tauwasser stehen die Luftwurzeln, welche sich z. B. an tropischen Orchideen und Arazeen ausbilden, die auf den Stämmen und Ästen von Bäumen wachsen (Epiphyten, „Überpflanzen"). Sie besitzen eine poröse äußere Gewebeschicht oder einen Filz von ausdauernden Wurzelhaaren (Arazeen), hängen zunächst frei herab, können aber bei Berührung mit dem Erdboden zu gewöhnlichen Erdwurzeln werden. Die indischen Banyanbäume (*Ficus bengalensis*) sind zuerst Epiphyten, bilden dann aus den Ästen herabhängende Wurzeln, die nach Verankerung ihrer Spitzen im Boden zu mächtigen stammartigen Gebilden heranwachsen. Solche Stützwurzeln können in anderen Fällen aus den unteren Teilen des Stammes entspringen und werden dann zu den sog. Stelzwurzeln (Mangrove-Pflanzen, *Pandanus*, in kleinem Maßstab bei der Weide und beim Mais; bei letzterem entstehen sie wohl nur nach Anhäufelung und werden erst bei Abspülung durch Regen sichtbar). Ebenfalls erhöhte Standfestigkeit bewirken die Bretterwurzeln, die bei großen Urwaldbäumen aus horizontal und oberflächlich verlaufenden, zu vertikalen Platten auswachsenden Wurzeln entstehen. Umbildungen in anderer Richtung sind die Haft- und Kletterwurzeln, die sich der Unterlage entweder flach anlegen (Efeu, Abb. 108) oder in horizontaler Richtung wachsend Stämme umschlingen (*Philodendron*); die Fähigkeit der

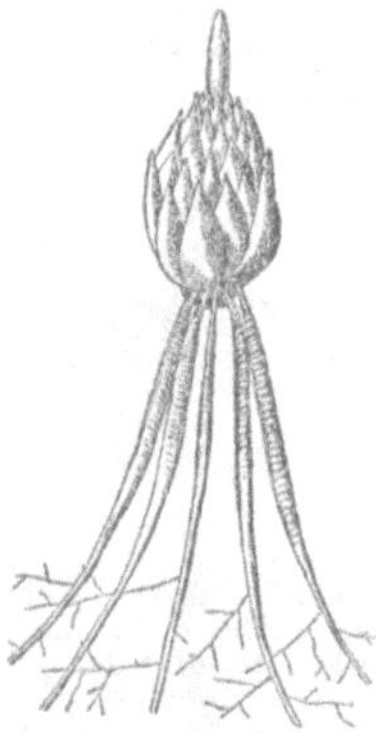

Abb. 49. Niederblattzwiebel von *Lilium martagon* (Türkenbund) mit Zugwurzeln (ihre Enden sind nicht dargestellt; oben der junge Blütentrieb). Verkleinert. Nach Rimbach.

Nahrungsaufnahme haben sie teilweise verloren, können aber, z. B. beim Efeu, durch Kultur in feuchter Erde, solange sie jung sind, zu Nährwurzeln umgebildet werden.

Die Fähigkeit vieler Erdwurzeln, sich in ihren älteren Teilen zu verkürzen, findet sich gesteigert bei den besonders kräftigen Zugwurzeln, welche bei vielen Keimlingen, Zwiebel- und Knollengewächsen auftreten (*Lilium*, *Arum*). Sie ziehen unter Verankerung ihrer Spitze die unterirdischen Teile der Pflanzen in die geeignete Tiefenlage; ihre Oberfläche erscheint nach der Kontraktion quergerunzelt (Abb. 49). Einer Steigerung der Fähigkeit zur Speicherung von Reservestoffen (vor allem Stärke) verdanken die Speicherwurzeln ihre Entstehung. Handelt es sich um eine Pfahlwurzel, so entsteht die Rübe, die übrigens am oberen Ende ein Stück der Sproßachse aufnehmen kann (Rettich); sonst spricht man von Knollen (Dahlien, Erdorchideen). Bei den Orchideen bilden sich die Knollen aus einer Adventivwurzel, die an einer seitlich und unterirdisch an der Sproßbasis angelegten Sproßknospe steht; aus dieser geht im nächsten Jahr ein oberirdischer Trieb hervor, wobei die Knolle ausgesaugt wird; solche Knollen können auch zerteilt sein (Abb. 50). Ähnlich bilden sich bei *Ranunculus Ficaria* („Feigwurz") an kleinen Achselknospen der Laubblätter Wurzelknöllchen, welche die fleischig verdickte erste Wurzel darstellen; die Knospe samt der Wurzel fällt später als Brutknospe (Bulbille) ab; durch Platzregen werden diese getreidekornartigen Bildungen manchmal in großen Mengen zusammengespült und gaben so den Anlaß zur Sage vom „Getreideregen". — Speicherwurzeln stellen vielfach das Spitzenwachstum ein (*Hemerocallis*), manchmal unterbleibt jede Verzweigung (*Ranunculus ficaria*).

Abb. 50. *Orchis latifolia*. a vorjährige, b diesjährige Knolle, c dazugehörige Sproßknospe. Nach Nordhausen.

Bei manchen Sumpf- und Wasserpflanzen schlecht durchlüfteter Standorte entwickeln sich entgegen ihrem sonstigen Verhalten senkrecht nach oben aus dem Erdboden oder über die Wasseroberfläche wachsende Atemwurzeln; mittels besonders gebauter lufthältiger Gewebe führen sie den unterirdischen oder untergetauchten Teilen Atemluft zu (*Jussieua*, Sago-Palme-*Metroxylon*, Mangrovepflanzen; für einige der letzteren wird die Atemfunktion neuerdings bestritten).

Die eigenartigste Umbildung stellen wohl jene Wurzeln dar, in welchen die — auch sonst vorhandene — Fähigkeit der Chlorophyllbildung soweit gesteigert ist, daß sie als Assimilationsorgane dienen; sie werden dabei blattartig abgeflacht — was sich in Zusammenhang mit dorsiventralem Bau auch bei Haftwurzeln angedeutet findet —, während die Blätter vielfach rückgebildet und funktionslos sind (die Orchideen *Taeniophyllum*, *Angraecum*, die in tropischen Wasserfällen lebenden Podostemonazeen).

2. Der vegetative Sproß.

A. Die Sproßachse.

a) Allgemeines.

Die Ausbildung der Sproßachse als Traggerüst bestimmt wesentlich das Aussehen und Verhalten der gesamten Pflanze. Bei ein- oder zweijährigen Pflanzen ist sie krautig (unverholzt), ebenso bei den mehrjährig ausdauernden Stauden, welche den Winter und überhaupt ungünstige Vegetationszeiten mit ihren am oder im Erdboden befindlichen Teilen überdauern. Oberirdisch ausdauernde Teile sind dagegen immer verholzt (Sträucher und Bäume; fleischige Stämme, z. B. der Kakteen, machen hierin eine Ausnahme).

Manche Pflanzen schreiten auf dem kürzesten Wege zur Blütenbildung, indem ihre Hauptachse mit einer Blüte abschließt. Man bezeichnet sie dann als einachsig, auch wenn gleichzeitig blühende oder nicht blühende Seitentriebe (Bereicherungssprosse) vorkommen (Mohn). Meistens bildet die Blüte aber erst ein Seitensproß erster, zweiter, dritter oder höherer Ordnung, womit die Pflanze zwei-, drei-, vier- oder mehrachsig wird. In dieser für die einzelne Pflanzenart bezeichnenden Sproßfolge kommt eine gewisse Arbeitsteilung zum Ausdruck; nicht selten sind Nieder-, Laub- und Hochblätter auf verschiedene Sproßgenerationen verteilt (Einbeere). Erneuerungssprosse heißen die jährlichen Triebe der mehrjährigen (perennierenden) Gewächse.

Die ein- und zweijährigen Pflanzen brauchen von der Keimung bis zur Blüten- und Fruchtbildung ein bzw. zwei Vegetationsperioden. Danach sterben sie vollständig ab, fruchten somit nur einmal in ihrem Leben. Erfolgt die Samenkeimung schon in der gleichen Vegetationsperiode wie die Fruchtreife, so liegen überwinternde einjährige Pflanzen vor (Wintergetreide). Mehrmals fruchten dagegen die ausdauernden Gewächse, vor allem die Holzpflanzen und die jährlich in ihren oberirdischen Teilen absterbenden Stauden. Ausnahmen hiervon bilden nur einige Kräuter (*Orobanche*), ferner einzelne Palmen und Agaven, die nach einigen Jahren bzw. Jahrzehnten (Coryphapalme) einmal fruchten und dann absterben.

Abb. 51. Buchenzweig im Winter mit Lang- (*l*) und Kurztrieben (*k*). Nach Nordhausen.

Das Wachstum der Sproßachse sowie die Anlage aller wichtigeren Organe vollzieht sich unter reichlicher Zellvermehrung am Scheitel. Weiterhin strecken sich die Internodien noch sehr erheblich. Namentlich bei Monokotylen kann die Wachstums- und Streckungsfähigkeit der Internodien noch lange Zeit, speziell an deren Basis, anhalten. Solche interkalare Wachstumszonen sind dann häufig, wie z. B. bei den Gräsern, durch Blattscheiden in besonderem Maße geschützt. Die Entwicklungsdauer der Sprosse ist im allgemeinen unbeschränkt, doch gibt es auch solche, deren Wachstum, wie das der Blätter, begrenzt ist. — Die Achseltriebe werden schon im Knospenstadium der Mutterachse angelegt, und zwar gewöhnlich nach, selten vor dem Tragblatt (manche Kruzifereninfloreszenzen). Bei unsern Holzgewächsen treiben sie normalerweise erst in der folgenden Vegetationsperiode aus. Eine Ausnahme aber machen z. B. die Haupttriebe der Berberitze, deren Achselknospen sich ebenso wie die der oberirdischen Teile krautiger Gewächse gleichzeitig, d. h. in demselben Sommer wie die Stützblätter, entfalten, wobei allerdings zu berücksichtigen ist, daß letztere in Dorne umgebildet sind.

Weit verbreitet ist die Ausbildung von Lang- und Kurztrieben (Abb. 22, 51). Die Kurztriebe besitzen gestauchte Internodien, sind meist unverzweigt und von kürzerer Lebensdauer (doch können einige von ihnen nachträglich zu Langtrieben auswachsen). Bei der Lärche sitzen die Nadelbüschel an Kurztrieben; bei der einheimischen Kiefer tragen die Langtriebe ausschließlich Knospenschuppen, während die Nadeln paarweise an kleinen Kurztrieben stehen, die mit häutigen Niederblättern beginnen. Vielfach entstehen an Kurztrieben die Blüten (viele Obstbäume).

b) Umbildung der Sproßachse.

Außer ihrer Funktion als Gerüst und Stoffleitungsbahn vermag die Achse wenigstens in ihrer Jugend zu assimilieren, was schon aus ihrer grünen Färbung ersichtlich ist. Bei Pflanzen mit rückgebildeten Blättern ist die Achse vorwiegend oder allein das Assimilationsorgan, so z. B. bei den Stammsukkulenten, wo sie gleichzeitig zum Wasserspeicher wird. Diese bezeichnende Umprägung findet sich als homologe Konvergenz in verschiedenen Verwandtschaftskreisen, so bei Kakteen, Euphorbiazeen, Asklepiadazeen u. a., die alle ein kaktusartiges, sukkulentes Aussehen besitzen. In anderen Fällen entsteht einfach ein besenartiger Habitus (Besenginster, *Ephedra*, *Casuarina*).

Assimilierende Achsen können eigenartigerweise auch abgeflacht werden (Abb. 52); man spricht dann von Kladodien. Handelt es sich um Kurztriebe, so liegen Phyllokladien vor, die auffallend das Aussehen von Blättern nachahmen (*Phyllocladus*, *Ruscus*, Abb. 53). Daß solche Bildungen morphologisch keine Blätter sind, ergibt sich daraus, daß sie in der Achsel von Tragblättern entspringen und selbst Blätter und Blüten tragen. — Abflachung kann gelegentlich als Mißbildung an sonst normalen Achsen auftreten; man bezeichnet diese Erscheinung als Verbänderung oder Fasziation.

Außer der schon erwähnten Wasserspeicherung kann die Achse zur Speicherung von Assimilaten, vor allem von Stärke, dienen. In der Regel ist es der unterirdische Teil, welcher als Wurzelstock (Rhizom) in dieser Weise verwendet wird. Er ist mit Wurzeln und Niederblättern besetzt, meist sympodial (Abb. 23), seltener monopodial (*Paris*) verzweigt (durch Entlaubung der Pflanze lassen sich viele Wurzelstöcke in Laubsprosse umwandeln). Als Rhizom überwintern viele

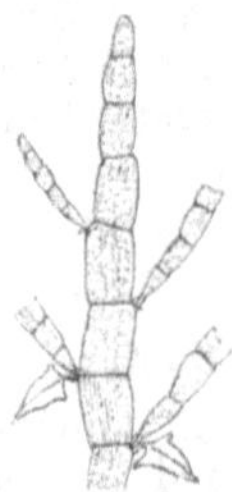

Abb. 52. Flachsproß von *Mühlenbeckia platyclados*; im Bild unten zwei Tragblätter von Seitenästen sichtbar. Nach Nordhausen.

Abb. 53. Sproß von *Ruscus Hypoglossum* mit Phyllokladien (*p*), Blättern (*b*) und Blüten (*i*). Nach Nordhausen.

krautige Pflanzen; die Erneuerungssprosse mit Laubblättern und Blüten entstehen bei monopodialem Aufbau des Rhizoms als Achseltriebe, im anderen Fall aus dem Hauptvegetationspunkt.

Die Knolle ist ein stark verdicktes Stück der Sproßachse. Bei der Kartoffel geht sie aus mehreren Internodien unterirdischer Ausläufer hervor; die Niederblätter fallen bald ab, während die in ihren Achseln stehenden Knospen als „Augen" sichtbar bleiben; nach der Ausbildung der Knollen geht die Mutterpflanze ein, und die Augen treiben im nächsten Jahr zu neuen Pflanzen aus. Oberirdische Knollen treten bei vielen tropischen Orchideen auf; bei manchen Arten umfassen sie ein Internodium, bei anderen mehrere (außerdem gibt es bei Orchideen Wurzelknollen, S. 50). In manchen Fällen kann die Achse des Keimlings im Samen als Speicher ausgebildet sein, so bei der Paranuß, deren eßbarer Teil das mächtig angeschwollene Hypokotyl ist, während die Keimblätter und die Wurzelanlage ganz zurücktreten. Ausdauernde Hypokotylknollen entstehen beim Radieschen (beim weißen Rettich geht nur der obere Teil aus dem Hypokotyl hervor, der untere ist Wurzel) und in besonders mächtiger Ausbildung bei *Testudinaria elephantipes*.

Bei den Zwiebeln tritt die Speicherung in der Achse gegenüber der Speicherung in Blättern bzw. Blattbasen zurück (S. 10); die Achse ist dabei stark gestaucht und bildet den sog. Zwiebelkuchen (Abb. 3). Brutknospen (Bulbillen) sind leicht abfallende kleine Knollen oder zwiebelartige Sprosse, die in den Blattachseln (Zahnwurz), im Blütenstand (*Allium*, *Polygonum viviparum*) oder an der Blattspreite (*Malaxis*) entstehen (bei *Ranunculus Ficaria* entsteht der knollige Teil aus der Wurzel, S. 50); sie treiben oft schon vor der Ablösung auf der Mutterpflanze aus.

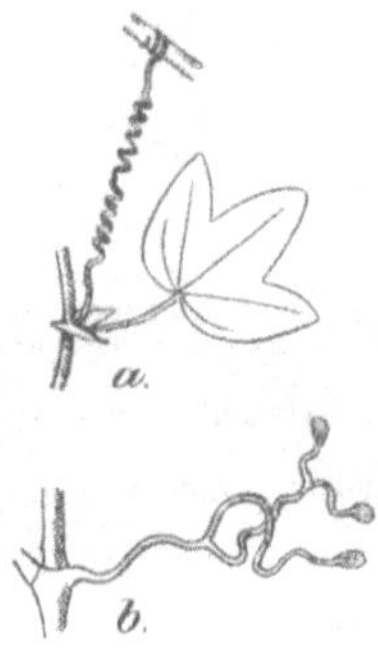

Abb. 54. Sproßranken von a *Passiflora* (Passionsblume), b *Parthenocissus quinquefolia* (wilder Wein mit Haftscheiben; andere Arten besitzen windende Rankenenden). Nach Nordhausen.

Sproßachsen, besonders auch Infloreszenzachsen, können auch zu Ranken umgebildet sein; die Anheftung erfolgt durch Umschlingen (*Passiflora*, Weinstock) oder Haftscheibenbildung (*Parthenocissus*; Abb. 54). Sproßdorne sind meist blattlose (*Gleditschia*) oder beblätterte (Weißdorn) Kurztriebe, seltener Langtriebe (Kreuzdorn), deren Vegetationspunkt nach anfänglichem Wachstum zu einer harten stacheligen Spitze wird. Mannigfache Ausbildungen der Achse treten bei Windepflanzen und Lianen auf. Bei vielen Parasiten wird die Sproßachse weitgehend vereinfacht; bei der saprophytischen *Monotropa* ist sie im vegetativen Bereich überhaupt ausgefallen (S. 47).

B. Das Blatt.

a) Allgemeines.

Gliederung und Entwicklung. Das typische Laubblatt, kurz Blatt genannt, gliedert sich in die eigentliche Blattfläche (Spreite, Lamina), den Stiel und dessen Übergang in die Achse, den Blattgrund, der oft wenig ausgeprägt ist, in manchen Fällen aber zu einem Blattpolster angeschwollen oder verlängert und stengelumfassend als Blattscheide ausgebildet ist; aus ihm entstehen auch die Nebenblätter (Stipeln). Typisch ist ferner der dorsiventrale Bau, der sich anatomisch wie auch äußerlich in verschiedener Rippung, Färbung, Behaarung usw. der Ober- und Unterseite ausdrückt (bifazialer Blattbau).

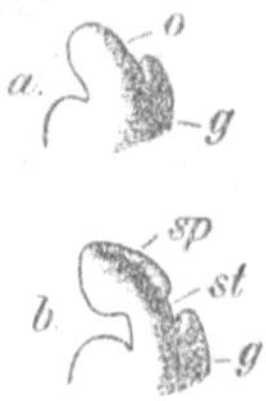

Abb. 55.

Abb. 56.

Abb. 55. Blattentwicklung. a ganz junges, b etwas älteres Blatt: o Oberblatt, g Unterblatt mit zwei Nebenblattanlagen, sp Spreite, st Stiel (ausnahmsweise früh ausgebildet). Stark vergrößert. Nach Nordhausen.

Abb. 56. Anlage eines gefiederten Blattes mit akropetal entstehender Fiederung. Stark vergrößert. Nach Nordhausen.

Die Blätter entstehen, von seltenen Ausnahmen terminaler Stellung abgesehen, als seitliche Ausgliederungen am Vegetationspunkt (Abb. 21) und gliedern sich frühzeitig in eine obere und untere Hälfte (Ober- und Unterblatt, Abb. 55). Aus dem Oberblatt entsteht Spreite und Stiel, aus dem Unterblatt der Blattgrund und die Nebenblätter. Die dem Sproßgipfel zugekehrte Seite wird zur Blattoberseite (ausnahmsweise kann durch nachträgliche Drehung die Oberseite zur Unterseite werden — *Allium ursinum* u. a.). Die Unterschiede zwischen einfachen und komplizierter gegliederten Blättern beruhen grundsätzlich auf dem Festhalten eines früheren oder späteren Entwicklungsstadiums, also des ungegliederten Anfangsstadiums, oder des bereits in Ober- und Unterblatt, oder auch schon in Stiel und Spreite usw. gegliederten Stadiums. Die Spreite selbst kann weiterhin durch seitliche Ausgliederungen, die sich akro- oder basipetal oder von der Mitte nach oben und unten fortschreitend entwickeln, gelappt oder gefiedert werden (Abb. 56). Die Gesamtentwicklung der Blätter erfolgt zunächst vorwiegend durch Spitzenwachstum; bei den Farnen und einigen Samenpflanzen (Droserazeen, Lentibulariazeen) erhält es sich dauernd (Einrollen der Blattspitze!), bei den meisten Samenpflanzen geht das Wachstum aber auf den mittleren oder basalen Abschnitt über (interkalares Wachstum), wodurch der zarte wachsende Teil in der Knospe von den älteren Spitzenteilen geschützt wird.

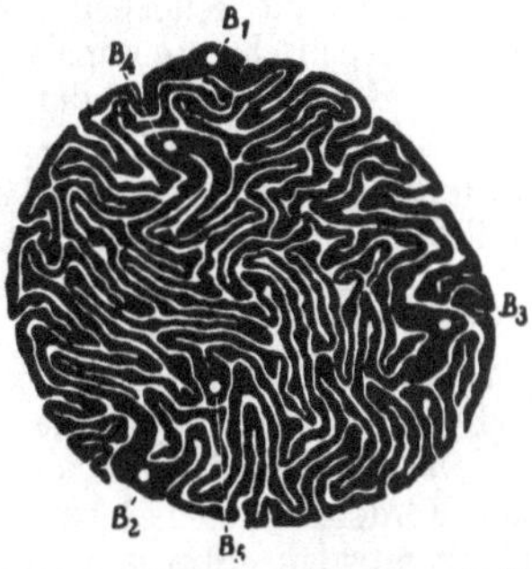

Abb. 57. *Veratrum album.* Querschnitt durch eine Laubknospe nach Entfernung der Niederblätterhülle: fünf Laubblätter längsgefaltet (B_1-B_5 ihre Mittelrippen). Umgezeichnet nach Troll.

Das Wachstum ist meist begrenzt, die Blätter erreichen also bald ihre endgültige Größe, werden schließlich abgeworfen und hinterlassen eine Narbe. Bei der Kiefer erfolgt Wachstum durch mehrere Vegetationsperioden. Außergewöhnlich lang andauerndes Spitzenwachstum besitzen einige Farne (*Gleichenia*, *Lygodium*), deren Blätter mehrere Meter lang werden und auch klettern können. Am sonderbarsten verhält sich aber die Gymnosperme *Welwitschia*, welche 100 Jahre alt wird und nur zwei Laubblätter bildet; diese wachsen dauernd an der Basis weiter, während die Spitze vermodert, so daß die Länge gleichbleibt.

Infolge von Raumbeengung sind die Blätter in der Knospe einfach oder mehrfach gefaltet, gerollt oder zerknittert (sog. Knospenlage oder Vernation, Abb. 57); der Ausdruck „Entfaltung“ für die aus der Knospe austretenden Blätter ist also meist treffend. Entsprechend ihrer Entstehung zeigen die Blätter in der Knospe außerdem eine bestimmte Deckung (Ästivation); die Ränder benachbarter Blätter können sich dabei übergreifen (dachziegelige oder imbrikate

Knospendeckung) oder sich nur an den Rändern berühren (klappige, valvate Knospendeckung). Erfolgt die dachziegelige Deckung stets nur an der rechten oder linken Seite (von außen betrachtet), so heißt sie rechts oder links gedreht (kontort; z. B. bei den Kronblättern der Gentianazeen).

Während die Knospendeckung in der Blüte und im Fall der Knospenschuppen meist erkennbar bleibt, verschwindet sie bei der Entfaltung der Laubknospen infolge der Internodienstreckung. Die Knospenlage bleibt in Resten vielfach an fertigen Blättern erkennbar, wenn die Ent„faltung" nicht vollständig ist. Die eigenartigen Blätter von *Victoria* und *Pinguicula* mit ihren aufgekrümmten Rändern verdanken letzten Endes ihr Aussehen der Beibehaltung der gerollten Knospenlage.

Blattformen. Typischerweise teilt die Mediane das Blatt in zwei spiegelbildlich gleiche Hälften (symmetrische Blätter); bei Förderung oder Hemmung einer Hälfte entstehen an dorsiventralen Sprossen asymmetrische (schiefe) Blätter (Abb. 31, 47). Die Symmetrie in der Längsrichtung hängt von der Förderung an der Basis, der Mitte oder der Spitze ab. Je nach der Ausbildung des Oberblatts gibt es gestielte und sitzende Blätter (letztere können stengelumfassend sein), einfache Blätter (mit mannigfachen Umrißformen und Randgestaltungen — rund, eiförmig, lanzettlich, lineal usw., gesägt, gezähnt, gekerbt usw.) und zusammengesetzte Blätter (Abb. 58). Durch einen bestimmten Wachstumsvorgang eines Teiles des Spreitenrandes entstehen die eigenartigen Schildblätter (Kapuzinerkresse, Abb. 58a, *Nelumbium* u. a.). Die zusammengesetzten Blätter bestehen aus Teilblättchen (Fiedern), die vielfach wie selbständige Blätter aussehen; sind sie ihrerseits gefiedert, so entstehen doppelt und mehrfach zusammengesetzte Blätter. Die einzelnen Teilblätter sind oft unsymmetrisch. An der Blattstielbasis und bei zusammengesetzten Blättern auch an der Basis der Fiedern können Gelenke entwickelt sein, die durch Wachstum oder Turgorschwankungen die Entfaltung bzw. Reizbewegungen ausführen („Schlaf"-bewegungen; *Mimosa pudica*!). Bei der Bohne befindet sich an der Blattbasis ein Wachstumsgelenk, am Grund der Fiedern

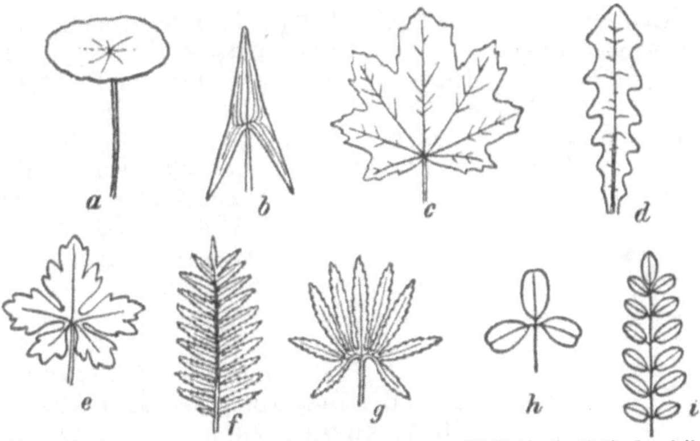

Abb. 58. Einige verschiedene Blattformen. a schildförmig (peltat), b pfeilförmig, c handförmig gelappt, d buchtig-fiederspaltig, e handförmig geteilt, f fiederschnittig, g fußförmig geteilt, h dreifingerig, i unpaarig gefiedert. Nach Nordhausen.

je ein Turgorgelenk. Am fiedrigen Blatt von *Panax* finden sich an der Mittelrippe Wachstumsgelenke, deren zugehörige Fiedern völlig rückgebildet (ausgefallen) sind (Abb. 59). — Die Fiederung der Palmblätter beruht nicht auf Wachstumsvorgängen, sondern auf nachträglicher Zerreißung entlang zugrundegangener Gewebeteile; so entsteht auch die Lappung und Durchlöcherung mancher Arazeenblätter und die Gitterung der Blätter von *Aponogeton fenestralis.*

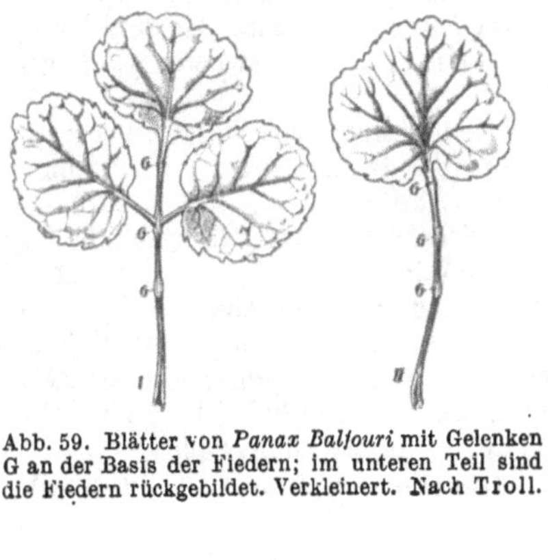

Abb. 59. Blätter von *Panax Balfouri* mit Gelenken G an der Basis der Fiedern; im unteren Teil sind die Fiedern rückgebildet. Verkleinert. Nach Troll.

Die sog. Nerven oder Adern des Blattes (Leitbündel und Festigungsgewebe), die in ihrer Gesamtheit die „Nervatur“

bilden, sind getrenntläufig, „offen", d. h. frei endigend, oder geschlossen. Bei den Gymnospermen herrscht offene Nervatur vor, bei den Angiospermen geschlossene. Bei den Dikotylen treten meist Hauptnerven hervor, welche Seitennerven abgeben, deren Endigungen schließlich untereinander verbunden sind, so daß ein Netz entsteht; bei den Monokotylen sind dagegen meist mehrere gleichwertige, parallel oder bogig von der Basis gegen die Spitze verlaufende Hauptnerven vorhanden. — Die Blätter der Monokotylen dürften nicht zur Gänze mit den der Dikotylen homolog sein, sondern durch die Unterdrückung der eigentlichen Blattspreite und Förderung der basalen Blattteile gekennzeichnet sein.

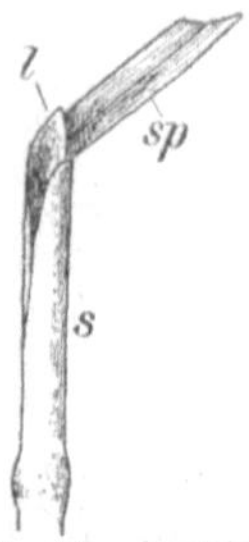

Abb. 60. Grasblatt. *s* Scheide, *l* Ligula, *sp* Spreite. Nach Nordhausen.

Blattscheide und Nebenblätter. Einen scheidenartig verbreiterten, stengelumfassenden Blattgrund besitzen unter den Dikotylen in besonders auffallender Ausbildung die Umbelliferen; unter den Monokotylen sind Blattscheiden allgemein verbreitet. Die eng-röhrenförmigen Scheiden der Gräser und Cyperazeen stützen die basalen, lange wachstumsfähigen Teile der Internodien. Beim Germer (*Veratrum*) bilden die mächtig entwickelten Blattscheiden eine Scheinachse (Abb. 4). — Am Übergang von Scheide und Spreite entspringt bei den Gräsern, manchen Cyperazeen u. a. ein häutiger Auswuchs, die Ligula (Abb. 60).

Die Nebenblätter (Stipeln) sind typisch zu zweien vorhanden und seitlich neben der Blattstielbasis angeheftet; sie können auf die Sproßachse (Abb. 1a, b) oder infolge Streckung des Blattgrunds auf den Stiel verschoben sein (Abb. 69). Oft sind sie unscheinbar und fallen bald ab, nachdem sie die Knospen geschützt haben (Buche). In anderen Fällen erfahren sie eine starke Förderung und können an Fiederblättern mit ganz oder teilweise in Ranken umgebildeter Spreite als dauernde Assimilationsorgane dienen (Abb. 1b). Beim Waldmeister und Verwandten ähneln sie völlig den Spreiten; infolge gegenständiger Blattstellung entstehen auf diesem Weg sechsgliedrige Scheinwirtel (2 Spreiten + 4 Nebenblätter). Bei *Robinia*, *Acacia*, manchen Rhamnaceen u. a. sind die Nebenblätter zu Dornen umgebildet.

Verwachen die Nebenblätter an einem Rand kongenital, so entsteht ein in der Blattachsel freistehendes (Axillarstipel) oder mit dem Blattstiel ± verwachsenes (Medianstipel) Gebilde. Erfolgt kongenitale Verwachsung an beiden Rändern, so ergibt sich eine Röhre (Ochrea der Polygonazeen, Abb. 61). Bei gegenständiger Beblätterung verwachsen oft die vier Nebenblätter eines Blattpaares kongenital zu zwei Interpetiolarstipeln, die dann zwischen den Blättern stehen (manche Rubiazeen). — An zusammengesetzten Blättern wiederholt sich manchmal die dem ganzen Blatt zugrunde liegende Gliederung an den Teilblättern, die dann an ihrer Basis Nebenblättchen (Stipellen) besitzen.

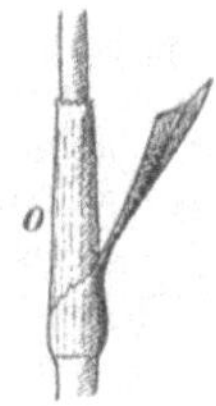

Abb. 61. Blattbasis mit Ochrea (o) von *Polygonum*. Nach Nordhausen.

b) Umbildungen des Blattes.

Vom Typus des Laubblattes leiten sich die mannigfaltigsten Bildungen ab. Zunächst mag eine Übersicht über die Umbildungen an verschiedenen Pflanzen gegeben werden.

Der typische dorsiventrale Bau steht in deutlicher Beziehung zur Assimilationsfunktion: die Spreite bifazialer Blätter kehrt ihre Oberseite dem Licht zu (Flächenstellung; hervorgerufen wird die Dorsiventralität aber durch die Stellung am Vegetationspunkt, S. 23). Durch Förderung der Unterseite und Hemmung der Oberseite entstehen unifaziale Blätter, deren gesamte Außenfläche schließlich nur aus „Unterseite" besteht. Sie sind von der Seite her zusammengedrückt, wie die „reitenden", schwertförmigen Blätter z. B. von *Iris*, *Acorus calamus* und *Tofieldia*, die dann dem Licht gegenüber Profilstellung einnehmen; in diesem Fall wird die ursprüngliche Vegetationsspitze des embryonalen Blattes durch eine zweite ersetzt; oder sie sind borsten- oder binsenförmig und im Querschnitt evtl. radiär (*Juncus*, *Alli-*

um). Oft ist allein der Stiel unifazial gebaut. *Eucalyptus* bildet äquifaziale Blätter mit gleichgestalteter Ober- und Unterseite; sie nehmen ebenfalls Profilstellung ein. Infolge von Profilstellung äußerlich ähnlich sind die Phyllodien, die z. B. bei australischen Akazien auftreten; sie sind, wie sich aus der Entwicklung ohne weiteres erkennen läßt, blattartige abgeflachte Stiele (nicht Spreiten) (Abb. 62). Übergänge zu solchen Bildungen finden sich in anderen Fällen in den geflügelten Blattstielen, an denen die Spreite in Streifen herabgezogen ist.

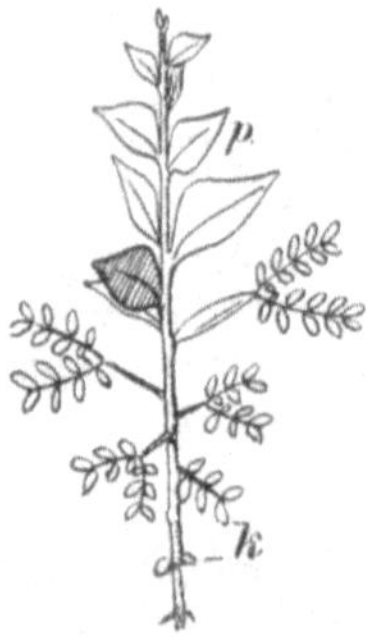

Abb. 62. Ältere Keimpflanze von *Acacia cultriformis*. *k* Keimblätter, *p* Phyllodien. Nach Nordhausen.

Abb. 63. *Mesembryanthemum*-Pflanze im Längsschnitt mit zwei fleischigen Blättern (b_1) und jungem Blattwirtel (b_2); schwarz das Assimilationsgewebe; die obere horizontale Linie stellt die Oberfläche des Erdbodens dar. Etwa 1/4 der natürl. Größe. Verändert nach J. G. Huber.

Die flächige Verbreiterung der Spreite, die im Fall der Phyllodien vom Blattstiel, manchmal auch von der Achse (Abschn. A, b) übernommen wird, ist mit einer Vergrößerung der relativen Oberfläche verbunden und daher von wesentlicher Bedeutung für die typischen Funktionen, Assimilation und Transpiration. Dennoch wird sie nicht selten aufgegeben, wobei in der Regel eine Vereinfachung der Gliederung des einzelnen Blattes, aber eine Vermehrung der Gesamtzahl der Blätter erfolgt (Nadelhölzer). Abgesehen von solchen nadelförmigen Blättern und den schon erwähnten borstenartigen ist eine Verschiebung des Verhältnisses von Volumen zur Oberfläche zu Ungunsten letzterer besonders bezeichnend für die fleischigen (sukkulenten, saftigen) Blätter, die bei Crassulazeen, Aïzoazeen, Agaven u. a. als Wasserspeicher dienen. Höchst eigenartig sind in dieser Hinsicht etwa die Blätter von *Mesembryanthemum*, die in Wüstengebieten im Sand vergraben sind und nur mittels eines „Fensters" das Licht von oben einlassen (Abb. 63). Umgekehrt erfolgt im Dienst der Nahrungsaufnahme eine Vergrößerung der relativen Oberfläche durch Zerschlitzung der Spreite an untergetauchten Blättern vieler dikotyler Wasserpflanzen (Abb. 2, Wasserhahnenfuß, *Cabomba* u. a.); bei den Wasserblättern des Farnes *Salvinia* tritt gleichzeitig Verlust der grünen Farbe und daher der Assimilationstätigkeit ein, so daß diese Blätter ganz wurzelartig aussehen.

Die sonderbarsten Umbildungen treten wohl bei den Tiere fangenden und verdauenden Pflanzen auf. Besonders eigenartig verhalten sich die Arten von *Utricularia* (Wasserschlauch), die teils Wasser-, teils Sumpfpflanzen sind. Sie bilden dreierlei Blätter: Laubblätter, zu Tierfallen umgewandelte Schlauchblätter und wurzelartige „Blattwurzeln", die ebenfalls umgebildete Blätter sind (Abb. 64)[1]. Eigentliche Wurzeln fehlen sekundär, wie auch bei *Salvinia*. An den Blättern der Kannenpflanze (*Nepenthes*) (Abb. 1c, 65b) ist der Blattgrund spreitenartig geflügelt, setzt sich dann in einen Stiel fort, der ranken kann, und geht schließlich in die zu einer Kanne umgebildete Spreite über (morphologische Übergänge finden sich bei anderen Pflanzen als Schlauchblätter, die als Mißbildungen von Laubblättern gelegentlich auftreten). Während in diesem Fall einfach die in die Kanne gefallenen Tiere „gefangen" und verdaut werden, ist der Fang bei *Dionaea muscipula*, der „Venusfliegenfalle", tatsächlich ein aktiver Vorgang: die Längshälften der Spreite sind um die Mittelrippe zusammenklappbar; berührt ein Insekt die hier stehenden Sinnesborsten, so schlagen die Hälften blitzschnell zusammen und halten das Tier fest; ein seitliches Entkommen ist dadurch unmöglich

[1]) Die Schlauchblätter (Aszidien) stellen morphologisch betrachtet eine extreme Steigerung der Schildblattform dar (S. 58).

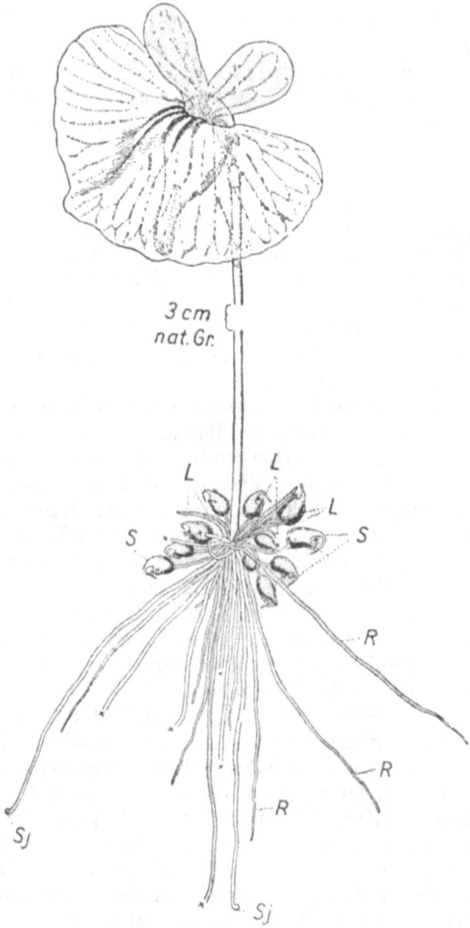

Abb. 64. Blühende Pflanze von *Utricularia Hookeri*. *L* schmale Laubblätter *S* Schlauchblätter (Tierfallen), *R* Blattwurzeln. Im Blütenschaft ist ein 3 cm langes Stück ausgelassen. Etwa $2^1/_2$fach vergrößert. Nach Goebel.

gemacht, daß der Rand mit ineinandergreifenden fransenartigen Borsten besetzt ist (Abb. 65a). Beim einheimischen Sonnentau ist die Blattspreite mit Emergenzen[1]) besetzt, an deren klebrigen Enden die Tiere haften bleiben, worauf sich dann benachbarte Emergenzen an das Tier anlegen und die Spreite sich einkrümmt. Die zu Tierfallen umgebildeten Blätter von *Utricularia* wurden schon erwähnt.

Damit ist die allgemeine Mannigfaltigkeit aber keineswegs erschöpft. Manche epiphytische Farne bilden außer gewöhnlichen Laubblättern umgewandelte N i s c h e n b l ä t t e r aus, in deren Höhlung Wurzeln hineinwachsen und den hier angesammelten Humus ausnützen; ähnlich funktionierende „Urnenblätter" von schlauchförmigem Aussehen bildet *Dischidia*. — Als R a n k e n wirken bei *Clematis* die Mittel-

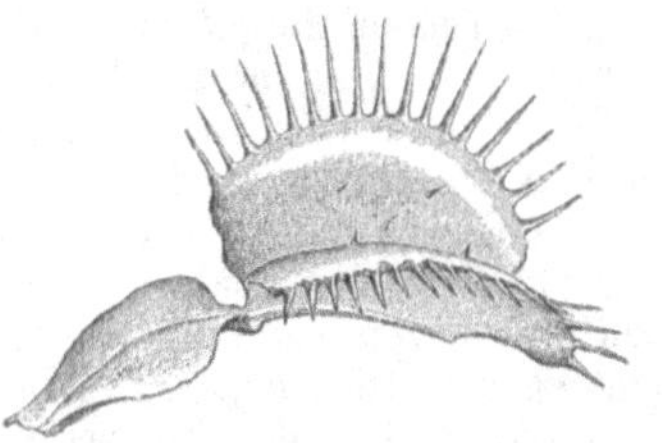

Abb. 65a. Blatt von *Dionaea muscipula*; die Blattbasis (links) ist nicht dargestellt. 3fach. Nach D a r w i n.

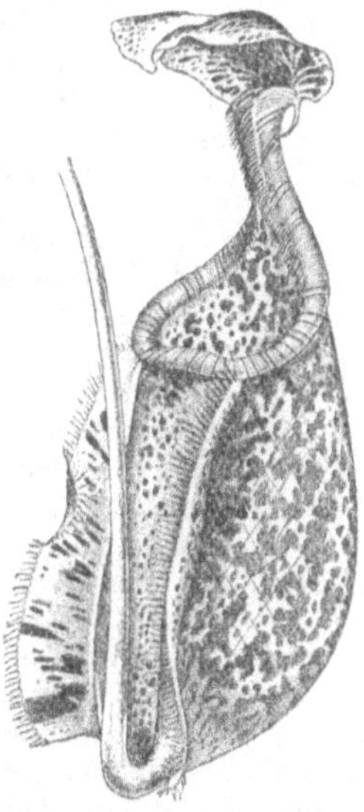

Abb. 65b. Kanne von *Nepenthes Rafflesiana*; etwas verkleinert. Nach Bot. Magaz. aus W e t t s t e i n.

rippe des gefiederten Blattes, bei der Kapuzinerkresse der Blattstiel, bei der Erbse sind die oberen Fiedern, bei *Lathyrus Aphaca* ist das ganze Blatt (außer den Nebenblättern) zu

[1]) E m e r g e n z e n heißen allgemein Anhangsgebilde, die nicht wie die Haare (T r i c h o m e) allein aus der Hautschicht, sondern auch aus darunterliegenden Geweben entstehen; Emergenzen sind z. B. auch die Stacheln der Rose und der grünen Fruchtwand der Roßkastanie.

Ranken umgebildet (Abb. 1b: Bei der Erbse läßt sich durch Entfernung der übrigen Blattteile eine Rückbildung zum Blatt künstlich auslösen). — Bei der Kletterpalme *Desmoncus* sind die oberen Fiedern in Widerhaken verwandelt (Abb. 1d). Bei der Berberitze bilden sich die Blätter kräftiger Triebe zu mehrteiligen Dornen um; auch bei den Kakteen sind sie fast allgemein in Dorne umgewandelt (die Dornen der Robinien sind, wie erwähnt, umgebildete Nebenblätter). — Bei manchen Wasserpflanzen, die Schwimmrosetten bilden, ist der Blattstiel zu einem luftführenden Schwimmorgan angeschwollen (Wassernuß, *Eichhornia*). — Die Blattspitze mancher Farnblätter wird zu einem Ausläufer und bildet am Ende neue, sich bewurzelnde Pflanzen (Abb. 1e).

An der gleichen Pflanze zeigen die Blätter meist bestimmte Veränderungen („Metamorphose"). Die Beblätterung beginnt mit den einfachen Keimblättern, geht dann zu vollentwickelten Laubblättern über, um im Bereich der Blütenregion wieder zu vereinfachten, manchmal aber sehr auffallenden Hochblättern zurückzukehren. Erneuerungssprosse mehrjähriger Gewächse und Seitensprosse beginnen meist mit einfachen Niederblättern. Dies sei im folgenden näher ausgeführt.

Keimblätter (Kotyledonen) heißen die ersten Blätter der Pflanzen, die bereits im Samen und noch vor der Ausbildung des Sproßvegetationspunkts angelegt werden. Auch bei den Farngewächsen (die keine Samen bilden) nennt man die ersten, von den späteren abweichenden Blätter Keimblätter (Abb. 73). Im Vergleich zu den typischen Laubblättern sind sie fast immer sehr einfach gestaltet, ungeteilt (Ausnahme Kresse, Linde), oft sitzend, und stellen im wesentlichen gehemmte, d. h. auf einer frühen Entwicklungsstufe stehengebliebene Blätter dar. Sie fehlen nur in seltenen Fällen von Rückbildung (*Monotropa*, vgl. S. 47, *Cuscuta*, Lentibulariazeen). Bei den Gymnospermen treten 2—15 (Abb. 106), bei den Dikotylen typisch zwei — manchmal verwachsene — wirtelig gestellte Keimblätter auf, die Monokotylen besitzen nur ein Keimblatt, das nach der einen Auffassung durch Verwachsung der beiden Keimblätter der Dikotylen, nach der anderen durch Ausfall eines Keimblatts entstanden ist.

Die Keimblätter der Dikotylen funktionieren entweder ausschließlich als Speicherorgane, ergrünen nicht und bleiben im Samen bzw. im Erdboden eingeschlossen; sie sind dann gegenüber den Laubblättern am weitesten verändert (Bei-

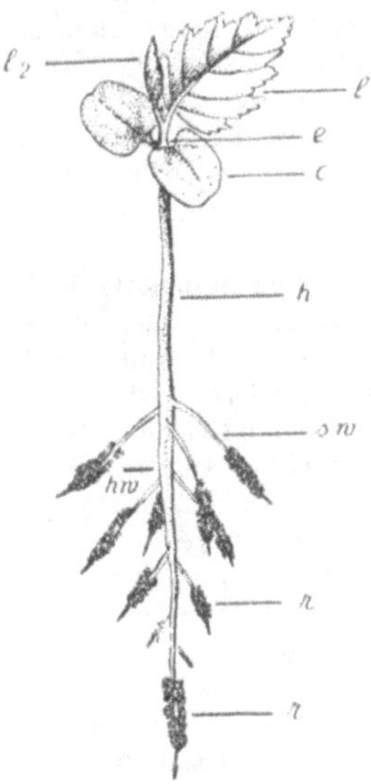

Abb. 66.

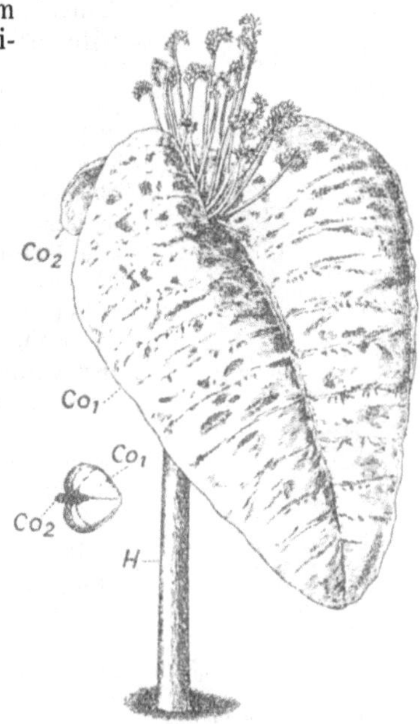

Abb. 67.

Abb. 66. Keimpflanze der Hainbuche (*Carpinus betulus*). *hw* Hauptwurzel, *sw* Seitenwurzeln, *r* Wurzelhaare, *h* Hypokotyl, *c* Kotyledonen, *e* Epikotyl, l_1, l_2 1. und 2. Laubblatt. Nach Noll.

Abb. 67. *Monophyllaea Horsfieldii*, blühende Pflanze und links jüngere Pflanze von oben gesehen; Co_1 und Co_2 die beiden Keimblätter. Verkl. Nach Goebel.

spiele: Erbse, Haselnuß; bei der Roßkastanie und Kapuzinerkresse sind sie verwachsen; bei der Wassernuß speichert nur das eine Keimblatt, während das andere unscheinbar bleibt); oder sie entfalten sich nach anfänglicher Speicherung, ergrünen, werden unter Streckung ihrer Stiele und des Hypokotyls (so heißt das unterhalb von ihnen befindliche Internodium im Gegensatz zu dem oberhalb befindlichen Epikotyl) emporgehoben und funktionieren als erste Laubblätter (Abb. 66); bei *Cyclamen* und *Oenothera* gleichen sie ihnen auch weitgehend. Meist gehen sie bald zugrunde; bei *Streptocarpus* und *Monophyllaea* stirbt dagegen nur das eine ab, während das andere unter andauerndem basalem Wachstum zu dem großen, einzigen Laubblatt heranwächst (Abb. 67).

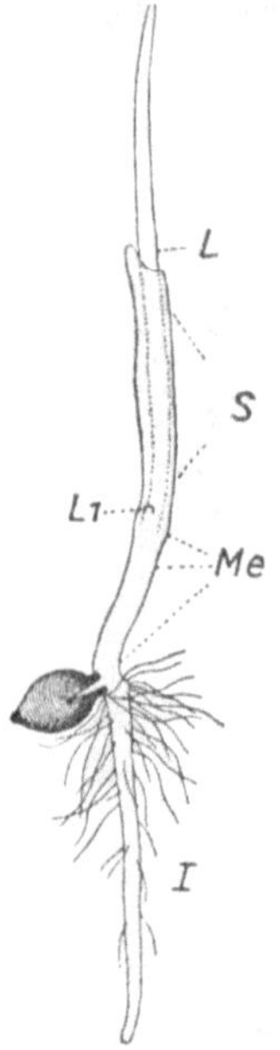

Abb. 68. Keimpflanze von *Cyperus alternifolius*. *L* erstes Laubblatt, L_1 zweites Laubblatt, *S* Keimblattscheide, *Me* Zwischenstück; das Keimblatt steckt im Samen und ist unsichtbar; unten die (später zugrundegehende) Hauptwurzel mit Seitenwurzeln. Nach Goebel.

Bei den meisten Monokotylen ist das Keimblatt in einen Scheidenteil (Koleoptile der Gräser) und einen Spreitenteil gegliedert; an der Spitze des letzteren bildet sich ein im Samen bleibendes, seinem Nährgewebe anliegendes Saugorgan aus, während der übrige Teil als Laubblatt ergrünt (*Allium*) oder einen Stiel, das sog. Mittelstück, bildet (Palmen, *Tradescantia*; Abb. 68).

Niederblätter werden die an unterirdischen Sprossen (Wurzelstöcken) und an der Basis der Lufttriebe gebildeten, von den Laubblättern abweichend gestalteten Blätter genannt; zu den Niederblättern gehören auch die Knospenschuppen, mit welchen die Jahrestriebe der Holzgewächse beginnen. Typisch für die Niederblätter ist ihr vereinfachter, schuppenartiger Bau; sie sitzen meist mit breiter Basis auf und ergrünen meist nicht. An unterirdischen Achsen können sie stark rückgebildet und funktionslos oder als Speicherorgane ausgebildet sein (*Dentaria*); bei der

Schuppenwurz (*Lathraea*) tragen sie wasserausscheidende Drüsen. Manche Niederblätter sind Vorblätter[1]).

Ist die unterirdische Achse gestaucht und mit speichernden Niederblättern (Speicherblättern) besetzt, so entsteht eine Zwiebel (Abb. 49). Im Unterschied zu solchen Niederblattzwiebeln bestehen die blattartigen Teile (Zwiebelschuppen) in anderen Fällen nicht aus ganzen Blättern, sondern aus den Basen grüner Laubblätter, deren oberer Teil zugrunde geht (Blattbasiszwiebeln der Tulpe, Küchenzwiebel, Abb. 3).

An Knospenschuppen läßt sich oft sehr deutlich die Beziehung zur Laubblattform feststellen. Beim Flieder wird das ganze Blatt unter Verkleinerung zur Knospenschuppe, bei manchen Nadelhölzern das Oberblatt, meistens bleibt aber die Anlage der Spreite und des Stiels gehemmt, so daß die Knospenschuppe dem erweiterten Blattgrund entspricht (Rose, Ahorn, Abb. 69). Als Sonderfall hiervon können Knospenschuppen aus Nebenblättern entstehen, wobei dann an Stelle eines Blattes zwei Schuppen treten (Buche). Durch Verwachsung zweier Nebenblätter (*Magnolia*) oder zweier Vorblätter (Weide) entsteht eine tüten- oder kappenförmige Schuppe. Die Knospenschuppen lassen sich in Laubblätter oft dadurch umwandeln, daß man einen jungen Sproß entlaubt und so die sich zur Knospenbildung anschickenden Vegetationspunkte zum sofortigen Austreiben bringt.

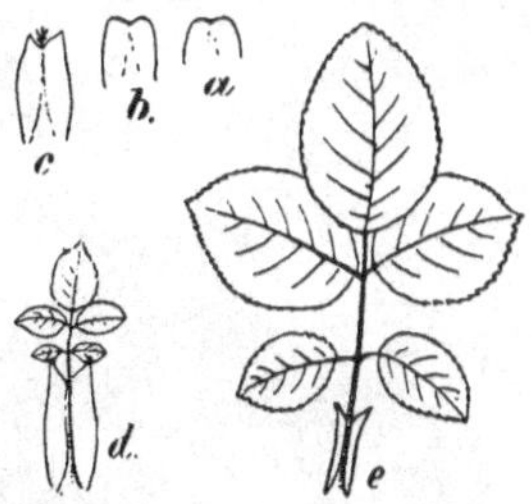

Abb. 69. Rose. a Knospenschuppe, e Laubblatt, b—d Zwischenformen. Nach Nordhausen.

Hochblätter heißen alle Blattgebilde in der Blütenregion, die von den Laubblättern deutlich abweichen und nicht zur Blüte selbst gehören; häufig handelt es sich um die Deck-

[1]) Vorblätter nennt man unabhängig von ihrem Aussehen die ersten an Seitensprossen auftretenden Blätter, die bei Dikotylen meist zu zweien transversal, bei Monokotylen meist in der Einzahl adossiert (vgl. S. 37) stehen; sie können je nach ihrer Stellung an der Pflanze nieder-, laub- oder hochblattartig entwickelt sein.

oder Vorblätter. Die Hochblätter sind wie die Niederblätter im Vergleich zu den Laubblättern meist vereinfacht, ungestielt, mit breiter Basis sitzend und oft chlorophyllarm, dafür aber in vielen Fällen auffallend korollinisch gefärbt und vergrößert; sie dienen dann, wie sonst die Blumenkrone, als Schauapparat (Wachtelweizen, exotische Euphorbien, *Bougainvilliea*, *Haemanthus tigrinus*). Auch die mächtigen Hüllen, die als Spatha die Blütenstände der Arazeen und Palmen umgeben, sind Hochblätter; bei ersteren sind sie oft lebhaft gefärbt, auffallend gezeichnet und werden unter Umständen außergewöhnlich groß (bei *Amorphophallus titanum* über 1 m im Durchmesser, Abb. 70). Bei der Linde wird ein Hochblatt (Vorblatt) zum Flugorgan des Fruchtstandes (Abb. 24).

Abb. 70. Blütenstand von *Amorphophallus oncophyllus*. Innerhalb der tütenförmigen Spatha, die bei dieser Art etwa 1/2 m lang wird, ist der Kolben sichtbar, der unten weibliche, in der Mitte männliche Blüten trägt; das obere Ende ist der Appendix (vgl. S. 96). Stark verkleinert. Nach Ruttner.

Da die Hochblätter meist mit zahlreichen Zwischenformen in die Laubblätter übergehen, ist ihre Ableitung aus diesen leicht durchführbar (Abb. 71 a). Sehr häufig erfolgt wie bei den Niederblättern Umbildung des Blattgrunds und Rückbildung von Spreite und Stiel. Beim Hopfen sind die Hochblätter umgebildete Nebenblätter.

Größe und Gliederung. Die Umwandlung der Laubblätter in die Hochblätter zeigt, daß die Vereinfachung mit einer Größenabnahme verbunden ist (Abb. 71 b). Umgekehrt ist ganz allgemein einer bestimmten Gliederung eine gewisse Minimalgröße wesentlich. Dies hängt damit zusammen, daß zum Aufbau der Ausgliederungen eine gewisse Anzahl von Zellen nötig ist; da die Zellgröße selbst bestimmt ist (vgl. S. 14), kann eine kompliziertere Organisation nur oberhalb einer bestimmten Größe auftreten. Damit hängt auch notwendigerweise die entwicklungsgeschichtliche Tatsache zu-

Abb. 71 a. Übergang der Laubblätter (I) in die Hochblätter (VIII) bei *Helleborus foetidus* unter Reduktion der Spreite und Förderung des Blattgrundes (I bedeutend stärker verkleinert als die anderen). Nach Troll.

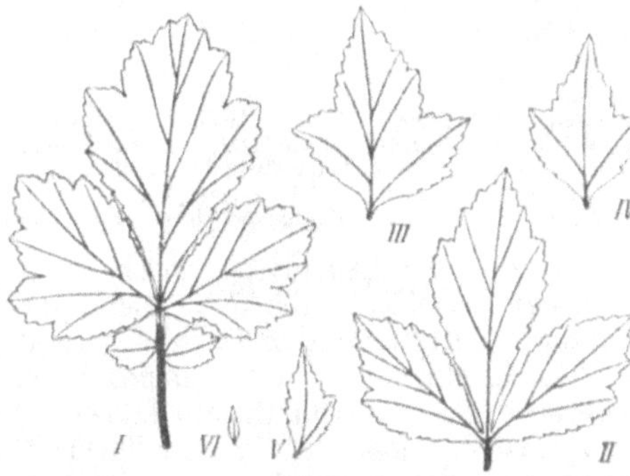

Abb. 71 b. Verkleinerung und Vereinfachung der Spreite beim Übergang der Laubblätter in die Hochblätter von *Geum urbanum*. Alle gleich stark verkleinert.

sammen, daß die jüngeren (kleineren) Anlagen ungegliedert sind und erst im Lauf des Wachstums durch Zellvermehrung gegliederter und größer werden. Es wird daraus auch verständlich, daß bei Rückbildungen jene Teile zuerst verschwinden, die zuletzt ausgegliedert werden; das Wachstum wird vorzeitig abgebrochen, das fertige Organ ist vereinfacht und kleiner als das typisch ausgebildete.

3. Der Blütensproß.

A. Die Homologien.

Die Blüte ist ein unverzweigter Sproß mit beschränktem Wachstum, dessen Blätter ganz oder teilweise im Dienst der sexuellen Fortpflanzung stehen. Der Typus der vollständigen Blüte (S. 35) hat sich stammesgeschichtlich aus anders aussehenden, aber homologen Bildungen der Farngewächse entwickelt. Bei ihnen (abgesehen von primitiven fossilen) sind

Abb. 72. Endteil eines Fiederblatts des Tüpfelfarns (*Polypodium*); auf der Unterseite Ansammlungen von Sporangien. Nach Nordhausen.

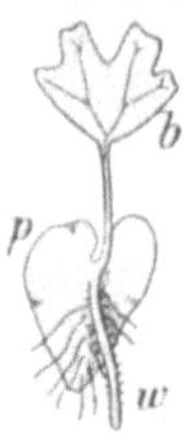

Abb. 73. Farnprothallium (*p*) von der Unterseite mit Rhizoiden, aus ihr entspringend die junge Farnpflanze, die das erste Blatt (*b*) und die erste Wurzel (*w*) gebildet hat. Wenig verkleinert. Nach Nordhausen

es zunächst gewöhnliche Laubblätter, welche Sporangien (Sporenbehälter) ausbilden (Abb. 72). Die Sporen sind ungeschlechtliche Fortpflanzungszellen, die nach dem Ausfallen aus dem Sporangium bei der Keimung einen thallusartigen Körper, das Prothallium, bilden. Auf dem Prothallium entstehen männliche und weibliche Fortpflanzungsorgane; aus einer befruchteten Eizelle geht wieder die eigentliche Farnpflanze hervor, die sich bewurzelt und

Blätter bildet, worauf das Prothallium abstirbt (Abb. 73). Auf ihren Blättern entstehen wieder Sporen, aus ihnen wieder Prothallien usw. Der Lebensablauf erfolgt also unter dem Wechsel zweier Fortpflanzungsweisen (Generationen), einer geschlechtlichen und einer ungeschlechtlichen bzw. zweier Pflanzenformen, einer mit sexuellen und einer mit ungeschlechtlichen Fortpflanzungsorganen (Generationswechsel, vgl. Kap. V, 1).

Bei höher organisierten Farnen treten die Sporangien auf Blättern auf, die gegenüber den gewöhnlichen Laubblättern vereinfacht sind, d. h. im Sinn der Arbeitsteilung mehr oder ausschließlich in den Dienst der Sporenbildung getreten sind und die vegetativen Teile rückgebildet haben; solche Blätter heißen Sporophylle. Gleichzeitig bilden sich die Geschlechtsorgane auf verschiedenen Prothallien aus; es gibt also männliche und weibliche Prothallien, aber auch zweierlei Sporen, nämlich solche, aus denen bei der Keimung männliche und solche, aus denen weibliche Prothallien hervorgehen. Die Prothallien erfahren dabei eine Rückbildung, die bei den männlichen weiter geht als bei den weiblichen, da diese zur Ernährung der Eizelle und nach der Befruchtung des Embryos beitragen, während jene

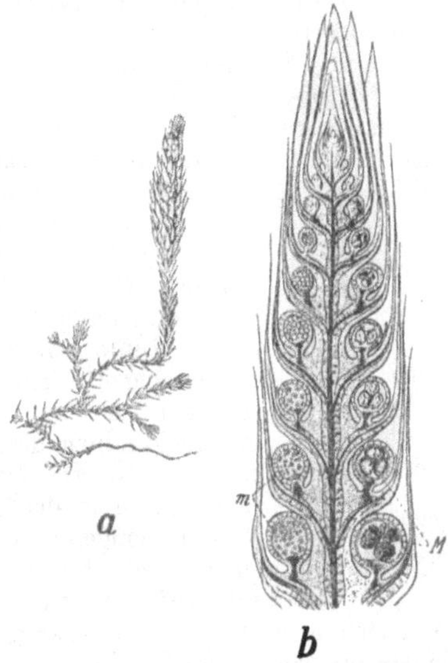

Abb. 74. *Selaginella* (Moosfarn). a Teil einer Pflanze mit aufrechtem Sproß, an seinem Ende ein Sporophyllstand ($^2/_3$ der nat. Gr.). b Längsschnitt durch einen Sporophyllstand, vergr.; *M* Makrosporangien, *m* Mikrosporangien. a nach Wettstein, b nach Sachs.

nach der Bildung der männlichen Geschlechtszellen ausgedient haben. Dementsprechend zeigen auch die Sporen verschiedene Größe: die männliche Prothallien liefernden sind klein (Mikrosporen), die weibliche Prothallien liefernden groß (Makrosporen); erstere entstehen zu vielen in Mikrosporangien, letztere zu wenigen in Makrosporangien. Treten die Sporangien nur in der Einzahl an den Blättern, den Mikro- und Makrosporophyllen, auf, so entsteht der Typus von *Selaginella* (Abb. 74). Obwohl die Sporangien an sich ungeschlechtliche Fortpflanzungsorgane sind, ist doch in diesem Fall die spätere geschlechtliche Entwicklung schon vorweggenommen. Eine Ansammlung von Mikro- und Makrosporophyllen an einem Sproß mit beschränktem Wachstum, wie dies bei *Selaginella* verwirklicht ist, kann daher als einfachste Blüte gelten.

Abb. 75. Blütenknospe von *Paeonia*, an einem Perianthblatt ein Spreitenrest. Verkln.; nach Hegi.

Die eigentlichen Blütenpflanzen unterscheiden sich von *Selaginella* dadurch, daß die Rückbildung der Prothallien noch weitergegangen ist. Die Makrosporen entstehen im Sporangium in der Einzahl, bleiben im Sporangium eingeschlossen, keimen daselbst zu einem rückgebildeten weiblichen Prothallium aus, auf dem eine Eizelle befruchtet wird und sich zum Embryo entwickelt. All dies erfolgt auf der Mutterpflanze. Erst der fertig ausgebildete Embryo samt Sporangium löst sich ab; ein solches Makrosporangium ist ein Same; solange es noch jung ist und vor der Befruchtung steht, nennt man es Samenanlage. Eben in der Samenbildung liegt das wesentliche Kennzeichen der Blütenpflanzen, die daher auch richtiger als Samenpflanzen bezeichnet werden. — Die Mikrosporen machen nur die Anfangsstadien der Prothalliumbildung im Sporangium durch, treten dann aber aus und gelangen durch Luftströmungen zur Samenanlage, wo sie das besonders stark rückgebildete männliche Prothallium fertigstellen und die männlichen Geschlechtszellen ausbilden, welche die Befruchtung ausführen. Solche Mikrosporen heißen Pollenkörner, ihre Gesamtheit Pollen, die Sporangien Pollensäcke. — Der Unterschied zwischen Gymnospermen und Angiospermen ist in dieser Hinsicht nur graduell: bei letzteren sind die Prothallien noch stärker rückgebildet als bei ersteren. Beiden gemeinsam ist die Verlegung der Entwicklung der Geschlechtsgeneration auf die sporenbildende Pflanze, wodurch ein äußerliches Zurücktreten des Generationswechsels bedingt wird.

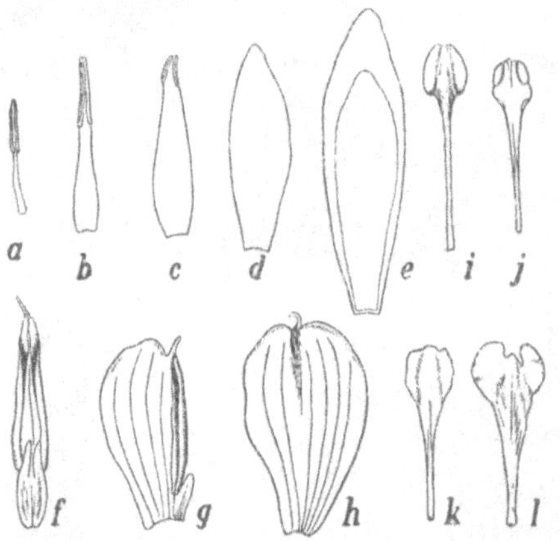

Abb. 76. Übergänge zwischen Staubblättern und Kronblättern. *a*—*e* Seerose (*Nymphaea alba*): Rückbildung der Anthere und Korollinischwerden des Filaments; *f*—*h* aus einer gefüllten Blüte des Schneeglöckchens (*Galanthus nivalis*); *f* Anthere normal, Filament zu zwei Flügeln ausgewachsen; *g* linke Antherenhälfte korollinisch; *h* nur mehr ein kleiner Antherenrest vorhanden; *i*—*l* aus einer gefüllten Blüte des Leberblümchens (*Anemone hepatica*); *i* Staubblatt; *j*—*l* Korollinischwerden der Anthere. — Umgezeichnet nach Troll.

Die Blüte der Samenpflanzen baut sich also abgesehen von der Achse grundsätzlich aus Mikrosporophyllen, das sind die Staubblätter, und aus Makrosporophyllen, den Fruchtblättern, auf. Beide sind bei den rezenten Gymnospermen auf verschiedene Sprosse verteilt, es sind also männliche und weibliche Blüten vorhanden; bei den Angiospermen und den fossilen Bennettitinen sitzen beide typischerweise auf einer Achse und bilden die Zwitterblüte, an der auch unfrucht-

Abb. 77. Teilweise gefüllte männliche Blüte einer Knollenbegonie: außen vier Perianthblätter, innen zahlreiche Staubgefäße, von denen einige korollinisch wurden. Etwas verkleinert.

bare Hüllen teilnehmen können. Außerdem kommt bei den Angiospermen hinzu, daß die Samenanlagen nicht frei zutage liegen, sondern eingehüllt sind von den sie tragenden Frucht-

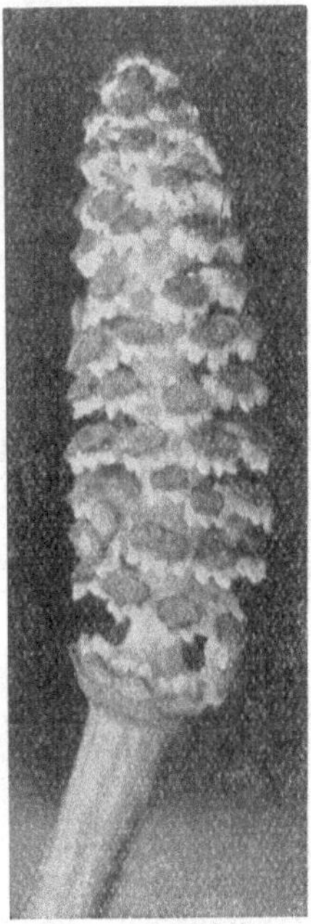

blättern, die zu einem Gehäuse, dem Stempel, zusammenschließen[1]).

Die hier in großen Zügen geschilderten Homologien lassen sich im einzelnen näher belegen. Daß auch die hochentwickelte Angiospermenblüte im wesentlichen ein beblätterter Sproß ist, ergibt sich z. B. aus Durchwachsungen und Vergrünungen (Verlaubungen), wobei die Blütenblätter Laubblattcharakter annehmen. Bei *Paeonia* u. a. findet man die Laubblätter über Hochblätter fortlaufend in die Blüte übergehen (Abb. 75), bei *Nymphaea*

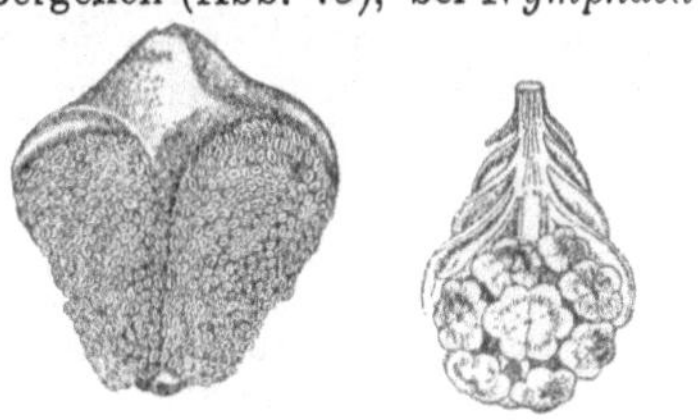

a b

Abb. 78. Abb. 79.

Abb. 78. Sporophyllstand von *Equisetum arvense* (Acker-Schachtelhalm). Man erkennt die schildförmigen Sporophylle und an ihrer Unterseite die herabhängenden Sporangien. Etwas vergrößert.

Abb. 79. a Staubblatt von *Macrozamia* mit zahlreichen Pollensäcken auf der Unterseite (nach Wettstein). b männliche Blüte der Eibe (*Taxus baccata*) mit schildförmigen Staubblättern, deren jedes auf der Unterseite (also nach innen und in der Figur unsichtbar) 5—9 Pollensäcke trägt. Nach Richard; etwas vergrößert.

u. a. sind Übergänge zwischen Perianthblättern und Staubblättern vorhanden (Abb. 76). Das meist wenig blattartige

[1]) Diese morphologische Deutung der den Stempel aufbauenden Blätter wird manchmal bestritten. Nach R. v. Wettstein handelt es sich nicht um Homologa der Makrosporophylle, sondern um hochblattartige Bildungen, während die eigentlichen Makrosporophylle bis auf die Samenanlagen rückgebildet wären. Jedenfalls aber liegen Blätter vor.

Aussehen der Staub- und Fruchtblätter findet sich schon bei vielen Farnsporophyllen angedeutet; im übrigen werden im Fall der Blütenfüllung, die durch Außenbedingungen oder auf erbmäßiger Grundlage (Gartenrassen!) auftreten kann, Staub- und Fruchtblätter als Kronblätter ausgebildet (Petaloidie, Abb. 77), beim Mohn können Kronblätter zu Stempeln werden (Pistilloidie), bei *Paeonia moutan* kommen Pollensäcke tragende Fruchtblätter, bei der Hauswurz samenanlagentragende Staubblätter vor. Bemerkenswert ist die Übereinstimmung zwischen dem Sporophyllstand des Schachtelhalms und der männlichen Blüte der Eibe: In beiden Fällen ist eine Achse mit schildförmigen Sporophyllen besetzt, die an der Unterseite Sporangien bzw. Pollensäcke tragen (Abb. 78, 79); die Fruchtblätter von *Cycas* haben in ihrem oberen Teil das Aussehen eines Farnwedels beibehalten (Abb. 80). — Auf die überzeugenden Beweise der Homologien, die die Zellenlehre erbringt, kann hier nicht eingegangen werden.

B. Die Blütenorgane.

a) Gymnospermen.

Die männlichen Blüten bestehen aus der Achse, die schraubig oder wirtelig mit vielen oder infolge von Rückbildung wenigen Staubblättern besetzt ist; bei den Gnetinen ist Rückbildung bis auf ein einziges Staubblatt erfolgt. Die Staubblätter sind ursprünglich blattartig, manchmal schildförmig (Eibe, Abb. 79, *Zamia*), und mit zahlreichen Pollensäcken besetzt, oder durch Rückbildung der flächigen Abschnitte und der Zahl der Pollensäcke (meist auf zwei) vereinfacht und besitzen dann das Aussehen der Staubblätter der Angiospermen (vgl. weiter unten). An der Basis der Blüten können schuppenförmige Niederblätter stehen, die eine Art von Perianth bilden. Häufig sind die Blüten zu razemösen Infloreszenzen vereinigt (*Pinus*).

Abb. 80. Fruchtblatt von *Cycas revoluta* mit sechs Samen. Verklein. Nach Nordhausen.

Die Fruchtblätter von *Cycas* besitzen noch

einen deutlichen gefiederten Spreitenteil (Abb. 80); sie stehen an der die Laubblätter tragenden Achse, die nach der Fruchtblattbildung weiter wächst und wieder Laubblätter hervorbringt, bilden also keine Blüte im eigentlichen Sinn. Bei anderen Gymnospermen sind — nach der wahrscheinlichsten phylogenetischen Deutung — die Fruchtblätter rückgebildet und schuppenförmig oder schildförmig; sie stehen zu mehreren beisammen an besonderen Sprossen beschränkten Wachstums und bilden die weibliche Blüte. Im äußersten Fall geht die Rückbildung so weit, daß das Fruchtblatt nur mehr aus der Samenanlage besteht und die Blüte nur mehr von ein oder zwei solchen Frucht„blättern" gebildet wird. Diese sehr vereinfachten Blüten treten meist zu razemösen, zapfenartigen Blütenständen zusammen (Tannen-, Fichtenzapfen). Der auffallende Teil dieser Zapfen ist eine später verholzende Schuppe, die aber weder ein Fruchtblatt ist (das nach dem oben Gesagten ja nur mehr aus der Samenanlage besteht), noch überhaupt einem Blatt entspricht, sondern wahrscheinlich als ein abgeflachter Sproß (Phyllokladium) aufzufassen ist; an seiner Basis und oberseits entspringen die Samenanlagen. Tatsächlich steht diese Fruchtschuppe in der Achsel meist unscheinbarerer Deckschuppen, welche die Trag- bzw. Deckblätter darstellen. Bei der Eibe, *Ginkgo* u. a. stehen die weiblichen Blüten einzeln oder zu wenigen beisammen.

Die Samenanlage selbst besitzt eine Gewebehülle (Integument), die am oberen Pol (gegenüber der Anheftung) eine Eintrittsstelle (Mikropyle) für den Pollen aufweist, der hier zur Keimung gelangt. Im Inneren entsteht in einem Grundgewebe (Nuzellus) die Makrospore, die bei der Keimung das Prothallium mit den weiblichen Fortpflanzungsorganen bildet (Abb. 81). Nach der Befruchtung, die bei den Cycadeen und bei *Ginkgo*

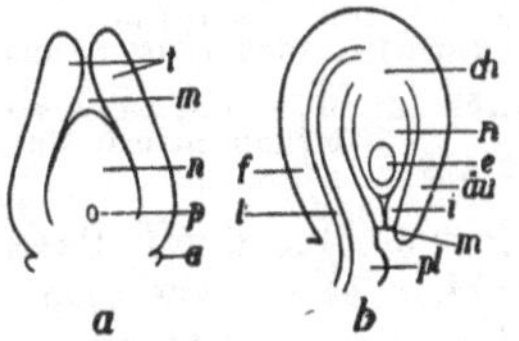

Abb. 81. a Schema der atropen Samenanlage der Eibe, b einer anatropen Samenanlage einer Angiosperme. *t* Integument, *i* inneres, *äu* äußeres Integument, *m* Mikropyle, *n* Nuzellus, *p* Prothallium, *a* Anlage der späteren fleischigen Samenhülle, *pl* Plazenta, *f* Funikulus, *l* Leitbündel, *ch* Chalaza, *e* Embryosack.

durch Spermien, bei den anderen Gymnospermen mittels eines Pollenschlauchs erfolgt, entwickelt sich der Embryo, die Samenanlage fällt schließlich als Same ab. Bei der Eibe bildet sich als Achsenwucherung die bekannte rote, fleischige Hülle aus, bei *Cycas* und *Ginkgo* nimmt das Integument in seinen äußeren Teilen fleischige Beschaffenheit an. Die „Beere" des Wacholders geht aus drei Fruchtschuppen

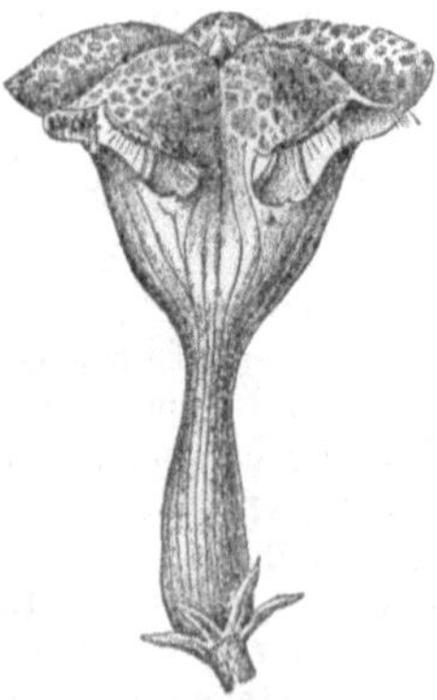

Abb. 82.

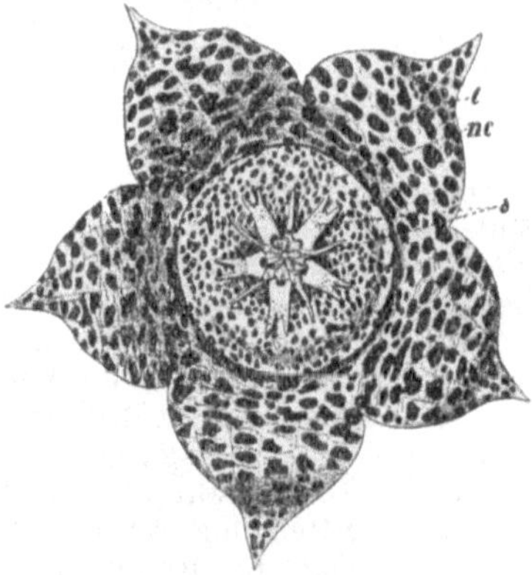

Abb. 83.

Abb. 82. Blüte von *Ceropegia Sandersoni* (Kesselfallenblume). Die Blumenkronzipfel sind am Ende miteinander verbunden, darunter weichen sie auseinander, so daß Fenster entstehen. Etwas verkleinert. Nach Wettstein.

Abb. 83. Blüte von *Stapelia variegata* mit Nebenkronbildungen (*s* und *nc*); *c* Blumenkrone. Ungef. Lebensgröße. Nach Wettstein.

hervor, aus deren Basis ein fleischiges, sie gemeinsam umgebendes Gewebe sich entwickelt. Die Samen der Fichte, Tanne u. a. sind geflügelt; der Flügel entsteht durch Ablösung der oberen Schicht der Fruchtschuppe.

b) Angiospermen.

Neben einfach aussehenden hüllenlosen („nackten") Blüten z. B. der Weide, der Gräser, die aber wohl immer das Ergebnis von Rückbildungen sind, gibt es Blüten wie die der Orchideen oder die sog. Kesselfallenblumen, die in ihrer Formen- und Farbenpracht die höchst organisierten Bildungen der Pflanzen darstellen (Abb. 41, 82, 83). Obwohl solche Blütengestaltungen vielfach in Beziehung zu bestimmten Funktionen stehen (Bestäubung durch bestimmte Tiere wie Aasfliegen, Nachtschwärmer, Kolibris, Fledermäuse usw.), so versagt doch die Annahme von „Anpassungen" als Erklärungsprinzip der gesamten Formenfülle. Es gibt allein über 15000 Orchideen-Arten, d. h. Blüten eines Grundtypus, der mehr als 15000 verschiedene Abänderungen erfahren hat!

Der morphologische Vergleich kann vielfach die Wege der Entwicklung verfolgen und es verständlich machen, durch welche Förderungen und Hemmungen einzelner Teile die Blüte als Ganzes sich verändert hat. Wenn im folgenden der Kürze der Darstellung zuliebe die einzelnen Blütenteile für sich besprochen werden, so darf doch nicht vergessen werden, daß die Blüte weder in morphologischer noch in funktioneller Hinsicht eine bloße Summe ihrer Teile ist. Dies wird anschaulich, wenn man etwa an die grundlegende Bedeutung der Symmetrieverhältnisse für den Bau und die Funktion der Blüte als Einheit denkt (vgl. auch Abschn. C).

Die Blütenhülle ist der vegetativen Region am nächsten, ihre Blätter zeigen daher vielfach Anklänge an die Laubblätter. Abgesehen von ihrem flächigen Bau und der grünen Färbung können die äußeren Blätter, besonders bei schraubiger Stellung, noch Spreitenreste aufweisen (Abb. 35, 75, vgl. auch Abschn. A). An ausgesprochen zyklischen Blüten ist allerdings meist ein deutlicher „Sprung" zwischen dem derben, grünen Kelch und der zarten, bunten Krone, oder im Fall des Vorhandenseins eines Perigons (Tulpe) zwischen diesem und der Laubblattregion auffallend. Die Unterschiede zwischen Kelch- und Kronblättern erklären sich daraus, daß sich jene aus Hochblättern, diese aus Staubblättern (Staminodien) herleiten bzw. ihnen näherstehen (Abb. 76). Daß es auch korollinische Kelche gibt (Fuchsie, Hortensie), ist nicht erstaunlich, da es auch korollinische Hochblätter gibt (S. 70); in diesem Sinn sind auch die korollinischen Perigone verständlich. Im allgemeinen läßt sich feststellen, daß die

Blütenhülle mehr unter dem Einfluß der Laubblattregion oder der spezifischen Einwirkung der Blüte stehen kann; im Einzelfall ist die eine oder andere Beeinflussung fixiert.

Mit der verschiedenen Herkunft bzw. Stellung im inneren oder äußeren Kreis mag es auch zusammenhängen, daß die Kelchblätter mit breiter Basis aufsitzen — in den Hochblättern ist das Oberblatt, also auch der Stiel, rückgebildet —, während die Kronblätter oft wie die Staubblätter mit schmaler Basis angeheftet, im äußersten Fall „genagelt" sind (vgl. weiter unten). Auch ihre häufige Ausrandung oder Zweilappigkeit wird aus der Entstehung aus Staubblättern verständlich: außer durch Verbreiterung ihres Stiels (Abb. 76a—e) kann die Umbildung auch derart erfolgen, daß die Pollensäcke beiderseits flügelig auswachsen, während ihr Verbindungsstück gehemmt bleibt und so als Einbuchtung erscheint (Abb. 76i—l). Vermutlich eine besondere Steigerung dieser Zweilappung bilden die mehrfach zerschlitzten Kronblätter z. B. mancher Nelken (Abb. 84).

Abb. 84. Blüte von *Dianthus superbus*. Nat. Gr.

Die Perianthblätter können oft kongenital verwachsen (Abb. 34). Bei starker Ausprägung kommen röhrige Blüten zustande, an denen nur die Blattspitzen als freie Zipfel entwickelt sind. Im Verein mit dorsiventralem Bau und Förderung bestimmter Teile entstehen dann die eigenartigen Blumenkronen der Lippenblütler, Rachenblütler usw., die in Röhre, Schlund und Saum gegliedert sind oder durch Zusammenfassung bestimmter Blätter eine Ober- und

Unterlippe bilden. Seltener sind nur einzelne Blätter der Blüte verwachsen (Abb. 41).

Von den mannigfachen Ausbildungen der Perianthblätter können hier nur einzelne erwähnt werden. Bei *Polygala* sind von den fünf Kelchblättern drei klein und unscheinbar, zwei seitliche aber groß und korollinisch gefärbt, sie wirken wie die „Flügel“ der Schmetterlingsblüte, die aber zwei Kronblätter sind. Bei den Kompositen ist der Kelch manchmal rückgebildet, in vielen Fällen aber zu einem Kranz von Haaren umgebildet („Pappus“), und wirkt dann als Flugorgan der Früchte (Löwenzahn, Abb. 94c, 99e); bei *Dipterocarpus* wird das gleiche dadurch erreicht, daß sich zwei oder drei der fünf Kelchzipfel stark vergrößern und zu Flügeln werden (bei der Linde ist das Flugorgan ein Hochblatt — Abb. 24 —, beim Ahorn ein Auswuchs des Fruchtblattes). Bei der Judenkirsche bildet der Kelch die auffallende blasige und rotgefärbte Hülle um die Frucht; in vielen anderen Fällen werden die Kelchblätter, nachdem sie als Knospenschutz gedient haben, bei der Blütenentfaltung abgeworfen (Mohn); bei den Nelken dienen sie dagegen in der entfalteten Blüte als Stütze der Kronblätter, die infolge ihrer Gliederung in einen stielartig verschmälerten Basalteil (Nagel) und einen flächigen Endteil (Platte) wenig standfest sind.

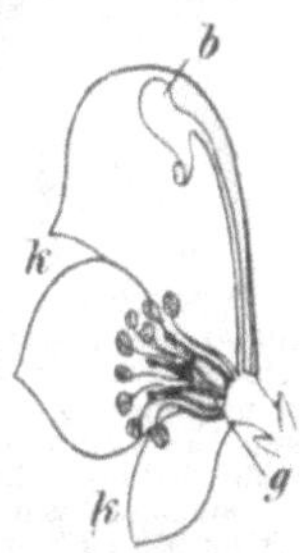

Abb. 85. Blüte des Eisenhuts (*Aconitum*) im Längsschnitt. *k* kronblattartig gefärbter Kelch, *b* eines der zu Nektarien umgebildeten Kronblätter, *g* apokarpes Gynäzeum. Nach Nordhausen.

An den Kelchblättern treten manchmal (Linde, Malpighiazeen) Nektarien auf. Es sind dies Drüsen, die Nektar, d. i. im wesentlichen Zuckerwasser, ausscheiden, welches von den Besuchern aufgenommen wird. Nektarien treten häufiger auf den Kronblättern, im übrigen auch auf allen anderen Blütenteilen und nicht selten sogar außerhalb der Blütenregion auf (so auf der Spreitenunterseite der Laubblätter von *Catalpa*, auf den Laubblattstielen des Holunders); sie sind wohl ursprünglich wasserabscheidende Organe, die in den von Insekten besuchten Blüten besonders gefördert sind (in Blüten, die Windbestäubung besitzen, fehlen sie allgemein). Beim Eisenhut (Abb. 85) u. a. sind einige oder alle Kronblätter zu Nektarblättern umgestaltet. Als Nektarbehälter dienen auch oft sackartige, ± langgestreckte Ausstülpungen (Sporne, Abb. 42; Sporne kann übrigens auch der Kelch, so beim Rittersporn, oder die Achse, bei der Kapuzinerkresse, bilden).

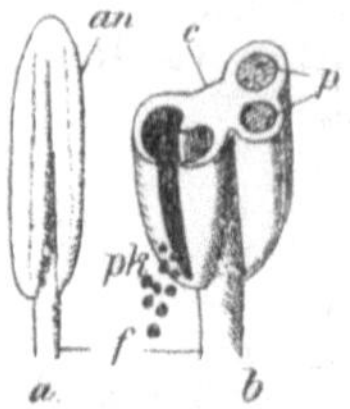

Abb. 86. Typisches Angiospermen-Staubblatt. a im ganzen, b quergeschnitten, die eine Antherenhälfte mittels Längsriß aufgesprungen (*an*), *f* Filament, *c* Konnektiv, *p* Pollensäcke, *pk* Pollenkörner. Nach Nordhausen.

Die Kronblätter sind gegenüber den Kelchblättern meist zart, haben nach dem Blühen ausgedient und werden abgeworfen; während des Blühens sind sie meist besonders auffallend. Sie sind es dann, welche durch Farbe und Zeichnung den Schauapparat bilden, der die Bestäuber anlockt, durch ihre Gestaltung Anflugplätze schaffen und die Regelung des Besuchs übernehmen. In dieser Hinsicht hat sich besonders die Ausbildung dorsiventraler Kronen mit Ober- und Unterlippe bewährt, die wiederholt in verschiedenen Verwandtschaftskreisen entstanden sind, aber im einzelnen verschieden gebaut sind; so besteht die Unterlippe der Labiaten aus drei verwachsenen Kronzipfeln, die der Orchideen aus einem (und zwar morphologisch oben stehenden) Blatt (Abb. 40), bei den Zingiberazeen aus zwei oder fünf umgewandelten und verwachsenen Staubblättern.

Radiäre Blumenkronen bilden oft im Innern ring- oder becherförmig vorspringende Flächen, die sog. Nebenkronen, die im einzelnen verschiedene morphologische Wertigkeit besitzen (Ligulaartige Schuppen am Übergang von Nagel und Platte bei Nelken, kragenförmige Bildungen bei Narzissen u. a. m. [Abb. 83]; die auffallende Nebenkrone der Passionsblume ist vermutlich eine Achsenbildung).

Das Andrözeum. Die Staubblätter bestehen meist aus einem stielartigen unteren Teil, dem Filament, und dem Staubbeutel, der Anthere; die Anthere enthält typisch vier Pollensäcke (Mikrosporangien), die zu je zweien auf die Antherenhälften verteilt sind; das Verbindungsstück der Antherenhälften d. h. die Fortsetzung des Filaments, heißt Konnektiv (Abb. 86). Antheren mit nur zwei Pollensäcken entstehen phylogenetisch durch Spaltung der Staubblätter (z. B. sind in den fünfzähligen Blüten von *Adoxa* zehn Staubblätter mit je zwei Pollensäcken vorhanden) oder durch Rückbildung (*Polygala*). Bei *Canna* sind von den sechs Staubblättern fünf unfruchtbar und korollinisch geworden, vom sechsten Staubblatt ist die eine Antherenhälfte ebenfalls korollinisch ausgebildet, während die andere normal geblieben ist; in der gesamten Blüte sind also nur zwei Pollensäcke vorhanden. Verzweigte Staubgefäße und damit Vermehrung der Pollensäcke kommt z. B. bei *Ricinus* vor, büschelige Anhäufung findet sich bei *Hypericum* usw. Bei Schmetterlingsblütlern sind die Staubblätter, die übrigens zwei Kreisen angehören, mit den Filamenten zu einer Röhre verwachsen, bei Malvazeen sind sie außerdem verzweigt. In Röhrenblüten scheinen sie häufig der Innenseite der Krone zu entspringen, was auf kongenitaler Verwachsung beruht.

Die Öffnung der Antheren erfolgt meist unter Vereinigung der beiden Fächer einer Hälfte durch je einen Längsriß (Abb. 86), seltener durch Löcher (Kartoffel) oder Klappen (Berberitze).

Durch Ausgestaltung der einzelnen Teile der Staubblätter in verschiedener Richtung entwickelt sich eine nicht geringe Mannigfaltigkeit der Formen. Die Filamente sind bei der Wiesenraute (*Thalictrum aquilegifolium*), beim Kappernstrauch, bei Myrtazeen u. a. lebhaft gefärbt und tragen in diesen Fällen wesentlich zur Schauwirkung der Blüte bei; beim Milchstern bilden sie blumenkronartige Flügel. Manchmal sind sie auffallend steif, in anderen Fällen biegsam; beim Türkenbund u. a. ist die Anthere am Filament an einer sehr kleinen Stelle befestigt, so daß sie pendelt; die Filamente der Berberitze, mancher Kompositen u. a. vermögen infolge ihres besonderen anatomischen Baus sehr auffallende Reizbewegungen auszuführen. Das im allgemeinen unscheinbare Konnektiv erfährt beim Salbei eine außergewöhnliche Vergrößerung in der Querrichtung, so daß die Antherenhälften weit voneinandergerückt werden; in das kurze Filament ist es drehbar eingelenkt; von den beiden Antherenhälften bildet nur die eine Pollen, während die andere unfruchtbar und zu einem löffelartigen Gebilde umgestaltet ist; das die Blüte besuchende Insekt drückt auf den Löffel, wobei sich das Konnektiv im Gelenk dreht und den Pollen der fruchtbaren Anthere auf dem Rücken des Insekts abklatscht (verschiedene Salbeiarten zeigen allerlei Übergänge zu diesem hoch entwickelten „Hebelmechanismus").

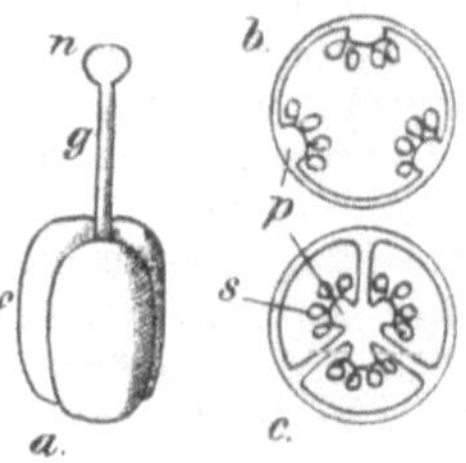

Abb. 87. a Dreiblätteriger Stempel (*f* Fruchtknoten, *g* Griffel, *n* Narbe). b, c schematische Fruchtknotenquerschnitte, b mit wandständiger, c mit zentralwinkelständiger Plazentation (b parakarp, c synkarp). *s* = Samenanlagen, *p* = Plazenta. Nach Nordhausen.

Daß Antherenhälften unfruchtbar (steril) und korollinisch werden können (*Canna*), wurde schon erwähnt. Sehr häufig werden ganze Staubblätter steril. Solche **Staminodien** können als funktionslose Reste (**Rudimente**) erhalten bleiben oder ganz verschwinden („ausfallen", Abb. 40, 43) oder auch umgestaltet werden, und zwar zu Kronblättern oder kronblattartigen Teilen, zu Nektarblättern, zu Schwellkörpern (Organe zum Ausschleudern der Früchte bei *Pilea*) u. dgl. m. Bei manchen *Cassia*-Arten sind in einer Blüteviererlei morphologisch und funktionell verschiedene Staubblätter vorhanden, in den Blüten der Melastomazeen gibt es Befruchtungs- und Beköstigungsantheren. In der Salbeiblüte sind von den typisch vorhandenen fünf Staubblättern zwei zu den oben beschriebenen Hebeln umgestaltet, zwei sind als funktionslose Staminodien entwickelt und eines ist ganz ausgefallen.

Das Gynäzeum; der Same. Die Fruchtblätter oder **Karpelle** bilden ein Gehäuse, den **Stempel** (Pistill), in dessen Innerem sich die Samenanlagen befinden. Der Stempel ist typisch in einen basalen angeschwollenen Teil, den die Samenanlagen enthaltenden **Fruchtknoten**, und in einen verschmälerten oberen Teil, den Griffel, gegliedert; am Ende des Griffels befindet sich die Narbe, welche die Pollenkörner auffängt und ein Sekret ausscheidet, in dem die Pollenkörner den Pollenschlauch treiben; die Pollenschläuche wachsen im Innern des Griffels abwärts zu den Samenanlagen (Abb. 87).

Die in der Blüte vorhandenen Karpelle bilden entweder jedes für sich einen Stempel, oder sie sind zu einem einzigen Stempel verwachsen; im letzteren Fall ist meist nur eine geringe Zahl von Karpellen vorhanden. Ein Gynäzeum, das aus je einem einzigen Karpell aufgebaute freie Stempel umfaßt, heißt apokarp, ein aus mehreren verwachsenen Karpellen bestehendes zönokarp. Die Verwachsung kann dabei nur an den Rändern erfolgen, so daß ein einziger Hohlraum (ein Fach) entsteht (parakarpes Gynäzeum, Abb. 87b); oder die Ränder können bis zur Mitte vorgeschoben werden, wodurch der Fruchtknoten mehrfächerig wird (synkarpes Gynäzeum, Abb. 87c). Manchmal (Caryophyllaceen, *Koelreuteria*) ist der Fruchknoten im unteren Abschnitt synkarp, im oberen parakarp gebaut. Häufig ist bei zönokarpem Gynäzeum die Griffel- oder wenigstens die Narbenregion apokarp entwickelt.

Scheinbar zönokarpe Stempel können dadurch entstehen, daß die an sich freien Karpelle durch emporwachsende Achsenteile miteinander verbunden werden; bei den Nymphaeazeen findet sich als Übergang zwischen freistehenden Stempeln (*Cabomba*) und solchen, die durch Achsengewebe fest miteinander verbunden sind (*Nuphar*), die eigenartige Bildung der indischen Lotusblume (*Nelumbium*): In der Mitte der Blüte ist die Achse verkehrt-kegelig herangewachsen und enthält in Aushöhlungen einzelne einblätterige Stempel (Abb. 88).

Andererseits führt die Versenkung von ursprünglich auf der Achse stehenden (oberständigen) ein- oder mehrblätterigen Fruchtknoten über mittelständige Fruchtknoten, die gegenüber Perianth und Andrözeum vertieft stehen, zu den unterständigen Fruchtknoten, welche völlig in der Achse liegen und mit ihr verwachsen sind.

Abb. 88. Blüte von *Nelumbium nuciferum* (indische Lotosblume); in der Mitte die verkehrt-kegelige Achse mit den eingesenkten Fruchtknoten. Verkleinert.

Abb. 89. Schlauchförmiges Karpell von *Potamogeton crispus* und *Zannichellia palustris*. *Na* Narbe, *G* Griffel, *St* Stiel. Vergr. Nach Eber.

Die Grundform der Karpelle ist das Schild- oder Schlauchblatt (Abb. 89). Manchmal ist ein Stiel entwickelt (Ranunkulazeen), meist ist er unterdrückt. Der Blattgrund wird nicht oder nur andeutungsweise entwickelt. Der Bau zönokarper Gynäzeen ergibt sich aus der Schild- bzw. Schlauchblattform der einzelnen Karpelle. Sekundär und besonders bei unterständigen Fruchtknoten entstehen infolge Verwachsung mit der Achse oft schwer deutbare Verhältnisse.

Die Samenanlagen sitzen meist den Rändern genähert (marginal, wie bei *Cycas*, Abb. 80), seltener von ihnen entfernt auf der Fläche (laminal), manchmal auch in nicht klar erkennbarer Beziehung zum Karpell scheinbar auf der Achse (axil); sie entspringen aus meist leistenartigen Wucherungen, der Plazenta. Bei reichlicher Verzweigung der Plazenta kann die Zahl der Samenanlagen stark ansteigen (Orchideen). Die Plazenta wächst manchmal in parakarpen Fruchtknoten zu „falschen Scheidewänden" aus (so im Fall der Schote der Kruziferen, die an sich ein zweiblättriger parakarper Stempel ist, aber von einer falschen Scheidewand der Länge nach durchzogen wird und daher zweifächerig erscheint; eine Vorstufe hierzu bildet der „Rahmen" in der Frucht des Schöllkrauts). In bezug auf den ganzen Fruchtknoten können die Samenanlagen an der Peripherie (wandständig, parietal, Abb. 87b) oder zentral bzw. in einem mehrfächerigen Fruchtknoten zentralwinkelständig (Abb. 87c) stehen.

Nicht selten verkümmern regelmäßig Samenanlagen und ganze Fächer. So entwickelt sich bei der Linde von fünf Karpellen nur ein einziges weiter, wodurch der seiner Anlage nach fünffächerige Fruchtknoten einfächerig wird.

Die Samenanlagen sind eiförmig oder fast kugelig, an der Basis (Chalaza) mittels eines Stielchens (Funikulus) an der Plazenta befestigt und von einem doppelten oder einfachen becherförmigen Gewebemantel, dem Integument bzw. den Integumenten, umgeben (infolge von Rückbildung kann das Integument fehlen — Santalazeen u. a.); die Öffnung des Bechers ist die Mikropyle. Sie sind gerade (atrop), quer ausgebogen (kampylotrop) oder um 180° umgewendet (anatrop) (Abb. 81). Im Nuzellus entsteht aus der Makrospore der Embryosack, der mit dem Prothallium homolog ist; nach der Befruchtung entwickelt sich aus ihm der Embryo und meist ein Nährgewebe, das Endosperm, die Samenanlage wird zum Samen. — Bei den Misteln (Loranthazeen) fehlen die Samenanlagen infolge völliger Rückbildung; der Embryosack entsteht einfach im Gewebe des Fruchtknotens, ohne daß ein Nuzellus oder Integumente ausgebildet wären.

Der Same besteht aus der Samenschale, die aus den Integumenten hervorgeht, aus dem Embryo und meist dem Endosperm (mehliges Gewebe der Getreidekörner). An der Samenschale erscheint oft die Abrißstelle des Funikulus als Hilum, sein mit anatropen und kampylotropen Samenanlagen verwachsener Abschnitt als Raphe (Abb. 90). In manchen Fällen ist die Endospermbildung unterdrückt, die Speicherung findet dann in den Keimblättern (Bohne u. a.) oder im Nuzellus statt, der dann zum Perisperm wird (Caryophyllaceen, Pfeffer). Fleischige Wucherungen der Samenschale in der Mikropylargegend heißen Karunkula (Abb. 90b), in der Gegend der Raphe und des Funikulus Stro-

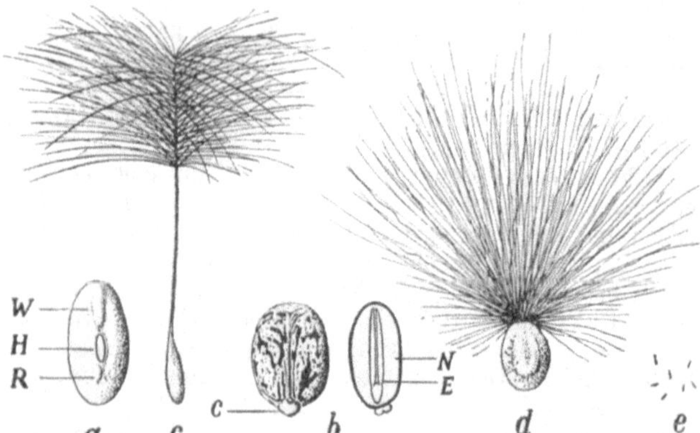

Abb. 90. a—e. Samen von Angiospermen. a Bohne (*R* Raphe, *H* Hilum, *W* Abdruck der Keimwurzel, zwischen *H* und *W* die Mikropyle). b *Ricinus communis* mit gesprenkelter Samenschale, *c* Karunkula, unmittelbar darüber das Hilum, die Linie in der Mediane ist die Raphe; rechts Längsschnitt mit Embryo (*E*) und Endosperm (*N*); im Embryo oben die beiden Kotyledonen, unten die Radikula. c *Strophanthus Petersianus*. d *Asclepias syriaca*. e Orchideensamen. a, b, e etwa Lebensgröße, c, d schwach vergr.; c, d nach Wettstein.

phiola, aus der Basis wächst manchmal ein fleischiger Samenmantel (Arillus) hervor (Abb. 91, Muskatnuß); sie dienen als Schwellgewebe bei der Öffnung der Frucht oder als Verbreitungsmittel durch Tiere; im letzteren Fall enthalten sie reichlich Nahrungsstoffe wie Öl und werden dann im biologischen Sinn als Elaiosome bezeichnet (morphologisch können Elaiosome auch ganz andersartige Dinge sein; z. B. bei dem Gras *Melica nutans* entsprechen sie ganzen — verkümmerten — Blüten). Auf die mannigfachen Ausgliederungen wie Flügel, Haare (Baumwolle) usw. kann hier nur hingewiesen werden (Abb. 90c, d).

Der typische Embryo besitzt eine Vegetationspunktanlage, eine Wurzelanlage (Radikula) und die Keimblätter (Abb. 90b; vgl. S. 66). Im Fall von Speicherkotyledonen hat er oft schon eine Laubknospe („Plumula") entwickelt (z. B. bei der Bohne). Durch Rückbildung kann er völlig ungegliedert sein (Orchideen, Parasiten). Bei der „lebend gebärenden" Mangrovepflanze *Rhizophora* wächst er ohne Ruheperiode auf der Mutterpflanze zum Keimling aus.

Abb. 91. Aufgesprungene Frucht von *Evonymus verrucosa* mit an Leitbündeln hängenden schwarzen Samen, die von einem orangeroten Arillus umgeben sind. Etwas vergrößert. Gez. H. Bodmann.

Das Gynäzeum erfährt seine auffallendsten Ausgestaltungen meist erst bei der Fruchtreife (vgl. Abschn. D). In der Blüte nimmt es nur selten an der Ausbildung des Schauapparates teil; mitunter ist dies aber doch der Fall, und dann sind es die Griffel bzw. Narben, welche in dieser Richtung ausgestaltet sind. So sind bei *Iris* die Narben blumenkronartig entwickelt, bei *Sarracenia* und ähnlich bei *Tacca* ist der Griffel an seinem Ende schirmförmig verbreitert (Abb. 92).

Die Achse (der Blütenboden) ist im allgemeinen durch ihre Stauchung ausgezeichnet, manchmal ist sie außerdem verbreitert und ausgehöhlt; bei der Erdbeere ist sie im Bereich des Gynäzeums vorgewölbt. Zwischen Krone und Andrözeum und Gynäzeum kann sie auffallend stielartig verlängert sein und bildet dann einen Androgynophor bzw. Gynophor (Kapparidazeen, Malvazeen).

Wulst- oder scheibenförmige Wucherungen der Achse außer- und innerhalb der Staubblätter heißen Diskus; sie funktionieren vielfach als Nektarien (eine Diskusbildung ist wohl auch die schon erwähnte sog. „Nebenkrone“ der Passionsblume). Daß durch Achsenwucherungen im Bereich des Gynäzeums die Fruchtknoten zu scheinbar zönokarpen Gebilden vereinigt werden können, wurde bereits geschildert.

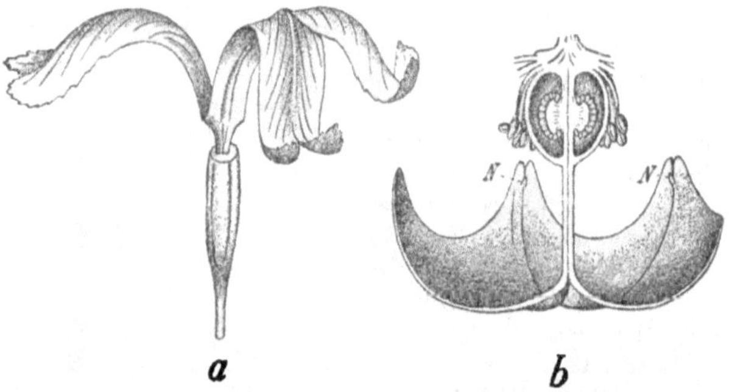

Abb. 92. Korollinische Narbenbildungen. a *Iris sibirica*, drei Griffeläste; Griffelschirm (samt Fruchtknoten und Andrözeum) von *Sarracenia purpurea* (Längsschnitt, *N* Narben). Etwas verkleinert; aus Wettstein.

Beim Seidelbast, bei Oenotherazeen u. a. ist die Achse zu einer Röhre umgestaltet, die blumenkronartige Beschaffenheit besitzt und im ganzen wie eine Kronröhre aussieht. Bei der Pelargonie ist die dem Rücken der Blüte zugekehrte Seite des Blütenstiels röhrenförmig ausgehöhlt und erzeugt Nektar (bei gefüllten Blüten fehlt die Aushöhlung); es handelt sich um einen mit dem Stiel verwachsenen Sporn, wie er bei der verwandten Kapuzinerkresse frei entwickelt und hier auch korollinisch gefärbt ist.

Als Kupula bezeichnet man die Achsenwucherungen, welche bei der Edelkastanie, Buche, Eiche u. a. die weiblichen Blüten oder Blütenstände becherförmig umgeben, mit schuppigen oder stacheligen Emergenzen besetzt sind und bei der Fruchtreife mächtig heranwachsen.

C. Blüten und Blütenstände.

Viele Pflanzen besitzen die Fähigkeit, verschieden gestaltete und funktionierende Blüten auszubilden. Veilchen, Sauerklee, Taubnessel u. a. bringen neben den gewöhnlich voll entwickelten chasmogamen Blüten auch solche hervor, die gehemmt sind und geschlossen bleiben, aber durch Selbstbestäubung Samen ansetzen (kleistogame Blüten, Abb. 93). Neben typischen Zwitterblüten treten in anderen Fällen nicht selten durch Verkümmerung des Andrözeums oder Gynäzeums weibliche oder männliche Blüten auf. Bei vielen Angiospermen ist die Ausbildung männlicher und weiblicher Blüten allein die Regel geworden, sie verhalten sich also dann wie die Gymnospermen. Die beiderlei Blüten können entweder am gleichen Individuum auftreten, man spricht dann von monözischen Pflanzen (Haselnuß, Erle, Mais, Kiefer), oder sie sind auf verschiedene Individuen verteilt (Weide, Brennessel, Eibe; diözische Pflanzen). Bei Primeln gibt es, auf verschiedene Individuen verteilt, Blüten mit langen Griffeln und tiefgestellten Antheren und solche mit kurzen Griffeln und hoch gestellten Antheren; beim Weiderich kommen dreierlei solcher heterostyler Blüten vor (die Heterostylie besitzt befruchtungsbiologische Bedeutung, deren Darlegung hier zu weit führen würde).

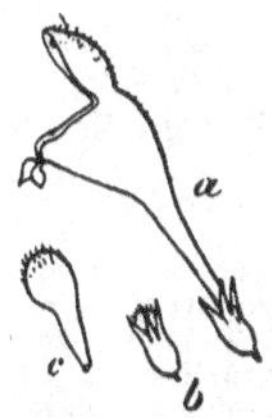

Abb. 93. *Lamium amplexicaule*. a chasmogame, b kleistogame Blüte, c deren Krone stärker vergr. Nach Nordhausen.

Verschiedengestaltigkeit von Blüten tritt fast regelmäßig in dicht gebauten Blütenständen ein. Zum Teil handelt es sich, wie schon oben angedeutet, um Reduktionen des Andrözeums bzw. Gynäzeums in typischen Zwitterblüten ohne weitere wesentliche Veränderungen (Blütenstände der Gräser; z. B. enthält das Ährchen von *Arrhenatherum elatius* eine männliche Blüte, eine Zwitterblüte und eine verkümmerte, sterile Blüte); in anderen Fällen erfolgen dagegen auffallende Veränderungen des gesamten Blütenbaus (Abänderung der Symmetrie, Umbildung der Blumenkrone). In dieser Hinsicht sind von allgemeinstem morphologischen Interesse jene Fälle, wo durch Verschiedengestaltigkeit der Blüten im Blütenstand oder auch unter Anteilnahme von Hochblättern Bildungen entstehen, die als Ganzes den Bau und die Funktion von Einzelblüten übernehmen. Dies trifft in hohem Maße für die Köpfchen vieler Kompositen zu, bei welchen die fünfzählige Krone der radiären Mittelblüten („Röhrenblüten") unscheinbar ist, während die der dorsiventral gewordenen „strahlenden" Randblüten stark gefördert und ungleich zweilippig ist, wobei der „Strahl" aus drei Kronblättern besteht, daher dreizähnig ist (Abb. 94a, b); in den Zungenblüten mancher Kompositen ist in der „Zunge", wie man aus ihren fünf Zähnchen sieht, der ganze Kronsaum enthalten (Abb. 94c); die Gesamtheit der Randblüten bzw. Zungen wirkt dabei wie eine Blumenkrone, das Köpfchen wie eine Einzelblüte. Besonders auffallend wird die Übereinstimmung, wenn die Zahl der Randblüten bis auf fünf sinkt und damit die so häufige fünfzählige Dikotylenblüte nachgeahmt wird (*Tagetes*; *Prenanthes* und *Lactuca muralis* besitzen im ganzen nur fünf Zungenblüten). In anderer Weise kommt das blütenartige Aussehen der „Strohblumen" unter den Kompositen zustande: hier sind es die verholzten Hüllblätter, welche die Blumenkrone nachahmen, so bei der Wetterdistel mit ihren durchaus gleichartigen, unauffälligen Blüten (Abb. 95). Beim Edelweiß sind dagegen die Köpfchen samt ihren Hüllblättern unscheinbar, sie werden aber zu mehreren von einem Kranz weißfilziger Hochblätter zu einer „Blüte" zusammengefaßt. Ähnliche Verhältnisse finden sich auch in anderen Verwandtschaftskreisen. So besteht die Scheinblüte von *Astrantia maior* (Umbellifere) aus einer doldigen Ansammlung unscheinbarer Blüten, die von einer Reihe auffallender Hochblätter als „Krone" um-

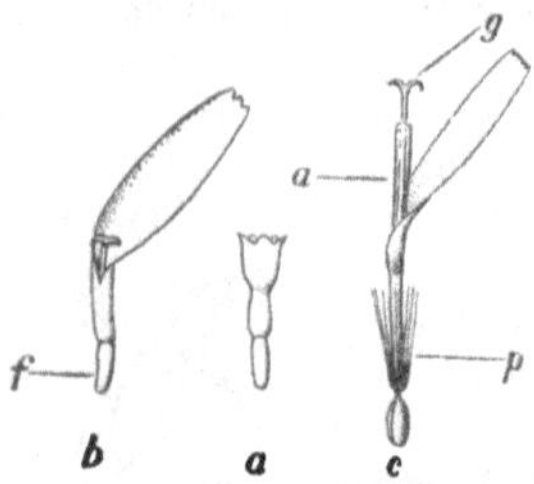

Abb. 94. a, b radiäre Mittelblüte und dorsiventrale Randblüte (Strahlenblüte) von *Anthemis nobilis*; c Zungenblüte von *Lactuca virosa*: etwa Lebensgr. *f* unterständiger Fruchtknoten, *p* Pappus (Kelch), *g* Griffel mit zwei Narbenlappen, *a* Antheren. Verändert nach Berg und Schmidt und Wettstein.

Abb. 95. *Carlina acaulis* (Wetterdistel), Blütenkopf mit Hüllblättern. Die untereinander gleichartigen, radiären Blüten beginnen eben vom Rand her aufzublühen. Lebensgröße.

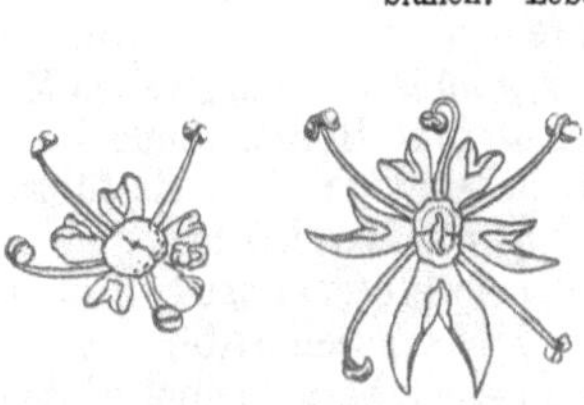

Abb. 96.

Abb. 97.

Abb. 96. Mittel- und Randblüte aus dem Blütenstand von *Heracleum*. Nach Hegi.

Abb. 97. Teil des Blütenstands von *Hydrangea paniculata* mit sterilen Randblüten (*a*) und fertilen Blüten (*b*). Etwas verkleinert. Nach Nordhausen.

Abb. 98. Cyathium von *Euphorbia cyparissias* (Wolfsmilch) mit zwei gelben Hochblättern. Das Cyathium enthält 5 männliche (aus einem Staubblatt bestehende) Blüten und eine weibliche (aus einem Stempel mit drei zweiteiligen Griffeln bestehende) Blüte; am Rand zweizipfelige Nektarien. 8fach vergrößert. Nach H. Bodmann.

geben wird. In anderen Dolden besitzen die Randblüten, die dadurch dorsiventral werden, einseitig vergrößerte Kronblätter, deren Gesamtwirkung wieder einer Krone gleichkommt (*Orlaya* u. a., Abb. 96), ähnlich verhalten sich die Kronzipfel der Skabiosen; bei *Hydrangea* sind die Randblüten stark vergrößert, steril und vollkommen in den Dienst der Schauwirkung getreten (Abb. 97; an kultivierten Formen — „Hortensien" — sind meist alle Blüten auffallend vergrößert und steril).

Besonders eigenartig sind die Scheinblüten der Wolfsmilch. Es handelt sich um Blütenstände, deren einzelne Blüten soweit wie überhaupt möglich vereinfacht sind: In der Mitte befindet sich eine weibliche Blüte, die nur aus einem Stempel besteht, rundherum stehen männliche Blüten, die nur aus einem einzigen Staubblatt bestehen (Abb. 98). Durch Rückbildung in ganz bestimmter Richtung ist hier also die typische Zwitterblüte mit ihrem zentralen Gynäzeum und den um dasselbe angeordneten Staubblättern ein zweites Mal entstanden. Es ist begreiflich, daß diese Blütenstände lange Zeit als solche überhaupt nicht erkannt wurden; sie führen noch jetzt einen besonderen Namen (Cyathium).

Den Eindruck einer einheitlichen blütenartigen Bildung machen auch die Blütenstände der Arazeen (Abb. 70). An einer verdickten Achse stehen unscheinbare kleine Blüten, und zwar unten weibliche, oben männliche und zum Teil in verschiedener Weise ausgestaltete sterile Blüten; das obere Ende der Achse samt den männlichen Blüten ist zu einem auffallenden, duftabscheidenden Organ (Appendix) umgebildet. Der ganze Blütenstand wird von einem großen, oft lebhaft gefärbten Hochblatt (Spatha), das an seiner Basis kesselartig ausgebildet ist, umgeben.

Gleichsam als Umkehrung des Vorgangs der Anhäufung von Blüten zu Gebilden von der Wirkung einer Einzelblüte erfolgt bei *Iris* die Zerlegung einer Blüte in mehrere „Teilblüten". Die *Iris*blüte ist radiär gebaut und entspricht im wesentlichen dem Liliazeen-Diagramm (Abb. 39). Die drei Perigonblätter des äußeren Kreises sind herabgeschlagen und bilden zusammen mit den drei über ihnen stehenden korollinischen Narben (Abb. 92) drei dorsiventrale „Blüten", deren jede eine „Oberlippe" (= Narbe) und eine „Unterlippe" (= Perigonblatt) besitzt; auch beim Insektenbesuch verhält sich die *Iris*blüte so, als ob sie eine Ansammlung von drei dorsiventralen Einzelblüten wäre.

D. Die Frucht.

Während der Samenreifung entwickelt sich das Gynäzeum, oft aber auch seine Umgebung — besonders die Achse, manchmal auch außerhalb der Blüte befindliche Teile — zur **Frucht**, welche die Samen bis zur Reife umschließt und sie dann ausstreut oder mit ihnen sich von der Pflanze ablöst. In einem weiteren, mehr funktionellen Sinn kann man auch bei den Gymnospermen die beerenartigen Bildungen z. B. des Wacholders, die verholzten Zapfen usw. als Früchte bezeichnen. Im allgemeinen spricht man von Früchten aber nur bei den Angiospermen, betrachtet also den Stempel bzw. den Fruchtknoten als wesentlichen Bestandteil der Frucht, während man die analogen Bildungen der Gymnospermen Samen nennt. Die Fruchtwand, das **Perikarp**, besteht demnach hauptsächlich aus den Karpellen, bei unterständigen Fruchtknoten auch aus der Achse.

Ein befriedigendes „System" der Früchte, das allen Einzelfällen gleich gerecht wird, gibt es nicht. Es hängt dies damit zusammen, daß die Frucht oft weniger eine morphologische als eine funktionelle Einheit ist, oder anders ausgedrückt, daß so viele analoge Konvergenzen vorkommen, daß eine Benennung auf rein morphologischer Grundlage unpraktisch wäre. In diesem Sinn ist auch die folgende gebräuchliche Einteilung ein Kompromiß; die Namen bedeuten hier vielfach nur ein bestimmtes äußerliches Aussehen und Verhalten bei der Reife, bezeichnen aber oft morphologisch ungleichwertige Bildungen; z. B. umfassen die Ausdrücke „Beere" und „Steinfrucht" ober- wie unterständige Gynäzeen.

I. **Trockenfrüchte** (Abb. 99). Perikarp trocken (häutig, lederig, holzig).

1. Kapsel- oder Streufrüchte: das Perikarp öffnet sich selbsttätig. a) Balgfrucht: 1 Karpell, an der Verwachsungsstelle der Ränder (Bauchnaht) aufspringend (Rittersporn). b) Hülse: 1 Karpell, an der Verwachsungsstelle der Ränder und der gegenüberliegenden Seite (Rückennaht) aufspringend (Leguminosen; die „Bohnenschote" ist also eine Hülse). c) Schote: 2 Karpelle, die sich als zwei Klappen von der stehenbleibenden falschen Scheidewand ablösen (Kruziferen). d) Kapsel im engeren Sinn: 2 oder mehr Karpelle, Öffnung mittels Zähnchen oder Klappen durch Längsrisse, die in der Karpellmitte (fachspaltig, lokulizid, *Iris*) oder in den Scheidewänden (wandspaltig, septizid, Herbstzeitlose) oder gleichzeitig unter Trennung der Klappen von den Scheidewänden (septifrag, *Rhododendron*) entstehen, seltener durch Löcher (Mohn) oder Deckel (Bilsenkraut).

2. Schließfrüchte: nicht aufspringend, meist einsamig. Nuß: Perikarp oft sehr hart und dick (Haselnuß). Achäne: Perikarp dünnwandig, mit der Samenschale nicht verwachsen, Fruchtknoten unterständig (Kompositen). Karyopse: Perikarp dünnwandig, mit der Samenschale verwachsen, Fruchtknoten oberständig (Gräser).

3. Zerfallfrüchte: mehrfächerige, in Stücke zerfallende Früchte. a) Spaltfrüchte: Zerfall in den Fächern entsprechende Teilfrüchte (Malve). b) Bruch- oder Gliederfrüchte: Zerfall durch Spalten, die sich unabhängig von der Fächerung, z. B. quer, bilden (manche Leguminosen und Kruziferen).

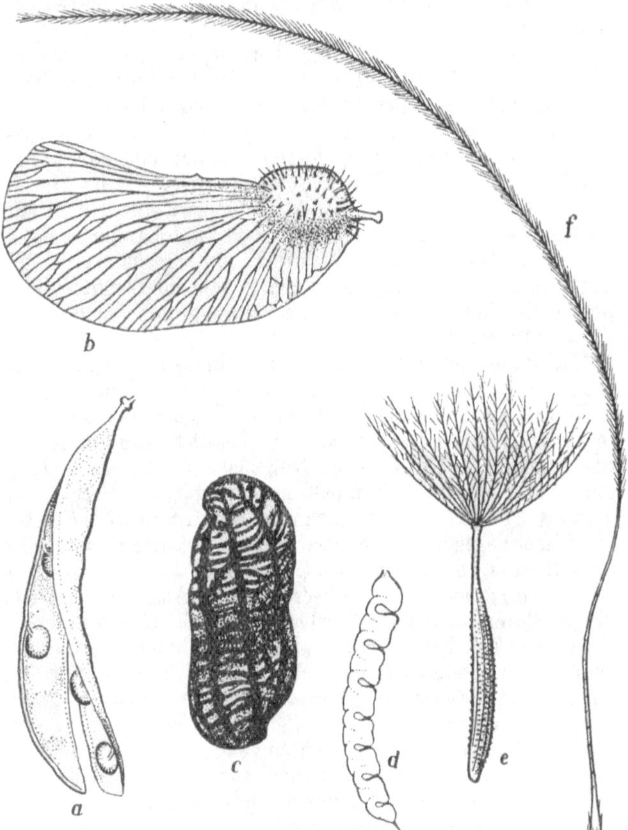

Abb. 99. Früchte. a Hülse von *Laburnum anagyroides*. b—d Abwandlungen der Hülse: b Flügelfrucht von *Centrolobium robustum*, c in der Erde zur Entwicklung kommende Schließfrucht der Aschantinuß (*Arachis hypogaea*), d Gliederfrucht (quer zerfallend) von *Hippocrepis unisiliquosa*. e Achäne von *Tragopogon floccosus* mit Pappus als Flugorgan. f Karyopse von *Stipa pennata* mit Deckspelze als Flugorgan. b, f etwas verkleinert, die anderen ungefähre Lebensgröße. Nach Wettstein.

II. **Saftige Früchte:** Perikarp ganz oder teilweise fleischig oder saftig.

1. Beere: meist mehrsamig, Perikarp zur Gänze fleischig (Heidelbeere). 2. Steinfrucht: meist einsamig, das Perikarp besteht von außen nach innen aus einer häutigen, einer fleischigen und einer festen, verholzten Schichte (Epi-, Meso- und Endokarp), letztere bildet mit dem dünnschaligen Samen den Steinkern (Pfirsich). Die im Handel befindliche Walnuß ist ein solcher Steinkern (die Frucht entwickelt sich in diesem Fall aus einem unterständigen Gynäzeum). 3. Die Schleuderfrüchte des Springkrauts, der Spritzgurke u. a. „explodieren", d. h. schleudern unter plötzlichem Nachlassen der Gewebespannung mit einem Ruck die Samen aus.

III. **Sammelfrüchte** und **Fruchtstände** („Scheinfrüchte"). Bilden die einblättrigen freien Stempel (apokarpes Gynäzeum) einer Blüte bei der Fruchtreife ein Ganzes, so spricht man von einer Sammelfrucht (Brombeere mit Steinfrüchtchen, Erdbeere mit Nüßchen auf fleischiger Achse); die aus den einzelnen Stempeln hervorgegangenen Teile kann man als Früchtchen bezeichnen. Sog. „Scheinfrüchte" entstehen dagegen aus ganzen Blütenständen, sind also Fruchtstände (Feige, S. 44, Ananas, Doppelbeere von *Lonicera alpigena*, die „Maulbeere" ist eine Ansammlung weiblicher Blüten, deren Perianthblätter fleischig wurden)[1]).

Aus der gleichen morphologischen Grundform des Gynäzeums entwickeln sich oft verschiedene Fruchtformen. So wird die für die Leguminosen bzw. Kruziferen typische Hülse bzw. Schote abgewandelt zu fleischigen Früchten, zu einsamigen Nüssen, zu Bruchfrüchten usw. (Abb. 99). Einsamige Schließfrüchte sehen oft wie Samen aus, so das Getreidekorn; manche Achänen der Kompositen mit als Flugorgan umgebildeten Kelch (Pappus) gleichen den Samen von *Strophanthus*

[1]) Der Ausdruck Scheinfrucht wird allerdings auch in ganz anderem Sinn gebraucht, nämlich für Früchte, die sich aus unterständigen Fruchtknoten unter starker Beteiligung der Achse entwickeln (Apfel, Birne) oder auch für alle Früchte, an deren Bildung die Achse wesentlich beteiligt ist (Erdbeere). Um Mißverständnisse zu vermeiden, ist es daher angezeigt, das Wort Scheinfrucht überhaupt nicht zu gebrauchen.

(vgl. Abb. 99e und 90c); die Edelkastanie ist eine Schließfrucht (drei weibliche Blüten bzw. Früchte sind von einer stacheligen grünen Kupula umgeben), die Roßkastanie ist ein Same (die grüne stachelige Hülle ist das Perikarp).

Als Beispiele für die häufige Beteiligung der Blütenhülle oder außerhalb der Blüte befindlicher Teile an der Fruchtbildung seien genannt: die Wassernuß (*Trapa natans*), deren Dorne aus dem Kelch hervorgehen (vgl. auch S. 83); die Maulbeere (S. 100); die Frucht der Hopfenbuche, deren Flugorgan aus verwachsenen Vorblättern besteht; bei *Stipa pennata* (Abb. 99f) bildet der lange federige Endteil (Granne) der Deckspelze (Hochblatt) das Flugorgan der Frucht (bei der ähnlichen Frucht von *Geum* ist das Flugorgan der Griffel, bei *Leucadendron* geht es aus Perianthblättern hervor); bei der Hagebutte (Sammelfrucht) wird die becherartige Blütenachse, bei *Anacardium* der Blütenstiel fleischig; der Blütenstand von *Trifolium subterraneum* dringt in die Erde, wobei steril bleibende Blüten mit ihren borstenartigen Kelchzipfeln zu Verankerungsorganen werden, während die anderen Blüten sich kleistogam entwickeln; die „Kletten" von *Xanthium* (Komposite) entstehen aus weiblichen Köpfchen, die Widerhaken sind Hüllblätter. Verschieden gestaltete Achänen gehen bei *Calendula* aus den inneren bzw. äußeren Blüten eines Köpfchens hervor.

Gelegentlich können sich Früchte entwickeln, ohne daß Befruchtung erfolgte; solche parthenokarpe Früchte (Bananen und andere Obstrassen) sind daher samenlos.

V. Gesamtgestaltung und Entwicklung.

1. Generationswechsel und Geschlechtsdimorphismus.

Der Generationswechsel besteht in einem regelmäßigen Abwechseln von sexueller und ungeschlechtlicher Fortpflanzung bzw. von Individuen, die sexuelle oder ungeschlechtliche Fortpflanzungsorgane bilden. Die sexuelle Pflanzenform nennt man Gametophyt (sie bildet in Gametangien die Gameten = Geschlechtszellen), die ungeschlechtliche Sporophyt (sie bildet in Sporangien die Sporen). Mit dem Abwechseln von

Gametophyt und Sporophyt ist bei den Pflanzen ein Wechsel zwischen einfacher und doppelter Chromosomenzahl verbunden[1]).

Bei den Farngewächsen ist das Prothallium der Gametophyt, die beblätterte Pflanze der Sporophyt (Abb. 73). Bei den Samenpflanzen ist der Generationswechsel dadurch verdeckt, daß der Gametophyt stark rückgebildet ist und als selbständige Wuchsform nicht in Erscheinung tritt, sondern sich auf bzw. im Sporophyten entwickelt (vgl. S. 74).

Der Generationswechsel ist nicht nur eine Eigentümlichkeit der Farne und Samenpflanzen, sondern eine im ganzen Pflanzenreich verbreitete Erscheinung. Er fehlt nur bei den niedersten Pflanzen, die überhaupt keine geschlechtliche Fortpflanzung besitzen (Bakterien und Blaualgen), und bei einigen Gruppen einfacher Algen und Pilze.

Besonders auffallend tritt der Generationswechsel bei den Moosen hervor. Aus der Spore entsteht zunächst als Jugendform ein algenartiges, meist fadenförmiges Protonema (Vorkeim), aus dem sich dann die beblätterte oder thallöse, immer wurzellose Moospflanze entwickelt, welche die Geschlechtsorgane ausbildet; sie entspricht, samt dem Protonema, dem Farnprothallium. Auf ihr entsteht aus einer befruchteten Eizelle der Sporophyt, der blattlos ist und im wesentlichen aus einem gestielten, kapselförmigen Sporangium, der Mooskapsel, besteht; der Sporophyt bleibt auf dem Gametophyten sitzen und wird von ihm ernährt (Abb. 100). Er entspricht dem in Wurzel und Sproß gegliederten Sporophyten der Farngewächse und Samenpflanzen, also dem Kormus derselben, ohne aber wie dieser in Wurzel, Stamm und Blatt gegliedert zu sein. Stämmchen und Blätter der Moose gehören dagegen dem Gametophyten an und sind auch in dieser Hinsicht mit den ähnlich aussehenden Bildungen der Farngewächse und Samenpflanzen nicht homolog. Da die Moospflanze in den früheren Kapiteln nicht eingehender behandelt werden konnte, sei dies hier nachgetragen.

Während bei den Farnen der Gametophyt eine vorüber-

---

[1]) Die doppelte Chromosomenzahl entsteht bei der Befruchtung (Kernverschmelzung), die einfache wird bei der Sporenbildung (Reduktionsteilung) wiederhergestellt (vgl. Sammlung Göschen, Band 1127).

gehende Bildung, der Sporophyt aber ausdauernd ist, verhält es sich bei den Moosen umgekehrt: der Gametophyt ist langlebig, meistens mehr- oder vieljährig, die Mooskapsel aber hat nach der Sporenbildung und -ausstreuung ausgedient.

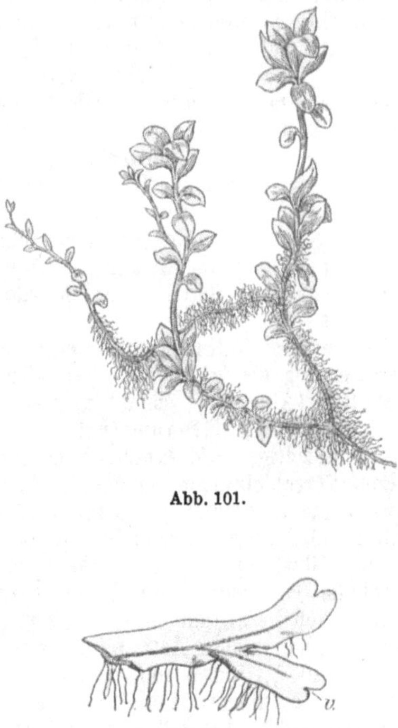

Abb. 101.

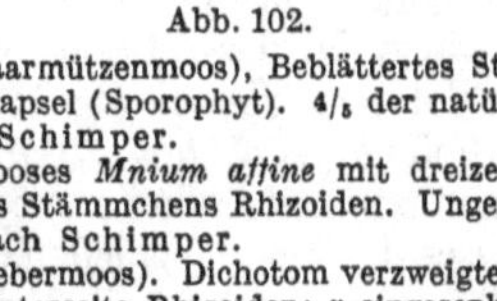

Abb. 100. Abb. 102.

Abb. 100. *Polytrichum commune* (Haarmützenmoos), Beblättertes Stämmchen (Gametophyt) mit gestielter Sporenkapsel (Sporophyt). 4/5 der natürl. Größe. Nach Schimper.

Abb. 101. Gametophyt des Laubmooses *Mnium affine* mit dreizeiliger Beblätterung; an den unteren Teilen des Stämmchens Rhizoiden. Ungef. Lebensgröße. Nach Schimper.

Abb. 102. *Marchantia polymorpha* (Lebermoos). Dichotom verzweigter, thallusartiger Vegetationskörper, auf der Unterseite Rhizoiden; *v* eingesenkter Vegetationspunkt. Etwa Lebensgröße. Nach Nordhausen.

Der erwachsene gametophytische Vegetationskörper ist entweder in Stamm und Blatt gegliedert oder äußerlich ungegliedert und thallusartig (Abb. 101, 102). Es spricht manches dafür, daß die thallösen Moose sich von den beblätterten ableiten und daß ihr „Thallus" *(frons)* ein ungegliedertes, stark abgeflachtes Stämmchen ist, welches die Assimilation übernommen hat; auf seiner Unterseite finden sich unscheinbare Schuppen, die als rückgebildete Blätter aufgefaßt werden können. Diese stark betonte dorsiventrale Ausbildung — über die Entstehung der Ober- und Unterseite entscheiden übrigens Außenbedingungen (Licht, Schwerkraft, Wirkung der Unterlage) — findet sich schon bei beblätterten Moosen: die ursprünglich dreizeilig beblätterten aufrechten Stämmchen werden niederliegend, die an den Flanken stehenden zwei Blattzeilen werden gefördert, die in einer dritten Reihe an der Unterseite stehenden Blätter werden rückgebildet oder fallen ganz aus.

Der gesamte Aufbau geht auf eine Scheitelzelle zurück. Die Verzweigung erfolgt monopodial oder sympodial oder auch dichotom (Abb. 102); sie ist niemals axillär, steht aber in Beziehung zur Beblätterung (vgl. S. 25). An radiären Sprossen ist sie allseitig, in Zusammenhang mit Dorsiventralität erfolgen Verschiebungen, so daß in einer Ebene ausgebreitete Sproßsysteme entstehen. Beim Torfmoos (*Sphagnum*) verhalten sich die Seitenzweige in besonderer Weise: neben jedem vierten Blatt entspringt ein Ast, der sich an seiner Basis büschelig verzweigt; von diesen Ästen läuft ein Teil am Stämmchen herab, ein anderer steht seitlich ab (Abb. 103); die herabhängenden Äste bilden eine das Wasser kapillar aufsaugende „Rinde" und ersetzen hierdurch die Rhizoiden, die den Torfmoosen fehlen. In anderen Fällen entstehen niederliegende „rhizom"artige Achsen und aufrechte Laubtriebe, wobei Nieder-, Laub- und Hochblätter ausgebildet werden; letztere dienen als Hüllen der Geschlechtsorgane. Die Laubblätter sind, obwohl an sich von einfachem Bau, im Zusammenhang mit Assimilation, Wasserspeicherung, Trockenschutz usw. in der verschiedensten Weise ausgestaltet.

Der Sporophyt zeigt keinerlei morphologische Ähnlichkeit

mit dem Gametophyten, aber auch nicht mit dem Sporophyten der Farngewächse und Samenpflanzen (in anatomischer Hinsicht ist allerdings das Vorkommen von Spaltöffnungen bei allen bemerkenswert). Sein wesentlicher Teil ist, wie erwähnt, die Sporenkapsel. Sie ist im Gegensatz zu den viel einfacher gebauten Sporangien der Farngewächse und Samenpflanzen vielfach sehr kompliziert gebaut und enthält neben den die Sporen bildenden Teilen noch verschiedene andere Ausgliederungen.

Abb. 103. Torfmoos (*Sphagnum*), Gametophyt. Etwa Lebensgröße. Aus Migula.

Wie bei den Moosen sind auch bei vielen Algen und Pilzen Gametophyt und Sporophyt verschieden gestaltet. Bei den Hutpilzen besteht der Gametophyt aus unterirdisch lebenden schimmelartigen oder spinnwebigen lockeren Fäden (Myzelium), während der Sporophyt der über die Erde kommende oft reich gegliederte Fruchtkörper ist (Abb. 14). Der Gametophyt der braunen Meeresalge *Laminaria* ist eine mikroskopisch kleine, kaum gegliederte Pflanze, während der Sporophyt ein großer über 1 m langer Thallus mit blatt-, stamm- und wurzelartigen Teilen ist. Der Gametophyt ist in diesem Fall, wie bei den Samenpflanzen, rückgebildet; bei der verwandten *Dictyota* (Abb. 10) ist er ebenso mächtig wie der Sporophyt entwickelt und im übrigen mit ihm gleich gestaltet. Bei der Braunalge *Cutleria* sehen dagegen Gameto- und Sporophyt ganz verschieden aus, und der Gametophyt ist stärker als der Sporophyt entwickelt: ersterer bildet einen dichotom zerteilten bandartigen Thallus (ähnlich dem von *Dictyota*), letzterer ist eine krustenförmige Scheibe (Abb. 104). Die früher (S. 21, 22) erwähnten großwüchsigen Braunalgen sind Sporophyten. Die Gesamtentwicklung ist bei den Braunalgen auf zwei selbständig wachsende Pflanzen verlegt, da sich sowohl die be-

Abb. 104. *Cutleria multifida* (Braunalge). *a* Älteres *Aglaozonia*-Stadium (Sporophyt). *b* Gametophyt. Nach Oltmanns.

fruchteten Eizellen wie die Sporen von der Mutterpflanze ablösen.

Unabhängig vom Generationswechsel treten bei manchen diözischen Pflanzen gestaltliche Unterschiede zwischen männlichen und weiblichen Individuen auf (Geschlechtsdimorphismus); sie sind grundsätzlich quantitativer Natur und physiologisch bedingt: die Männchen sind kleiner und kurzlebiger, die Weibchen im Zusammenhang mit der Bereitstellung der Nahrung für die Eizellen und Embryonen größer und langlebiger. Solche Unterschiede können am Gametophyten oder im Fall der Samenpflanzen auf dem Sporophyten (der den Gametophyten ernährt) auftreten; sie sind gegenüber den ähnlichen bei Tieren vorhandenen verhältnismäßig geringfügig.

In einfachster Ausbildung findet sich Geschlechtsdimorphismus schon bei der Grünalge *Oedogonium*, welche kleine, stark rückgebildete, im äußersten Fall nur einzellige männliche Pflanzen („Zwergmännchen") bildet. Nicht selten treten Zwergmännchen bei Moosen auf (*Buxbaumia*, *Ephemerum*). Typisch ist der Unterschied zwischen kleinen männlichen und großen weiblichen Prothallien für die Farngewächse, die Mikro- und Makrosporen bilden (*Selaginella* u. a.). Als Beispiel eines sporophytischen Geschlechtsdimorphismus sei der Hanf genannt, bei dem die weiblichen Pflanzen eine kräftigere Entwicklung erfahren. Daß männliche und weibliche Blütenstände verschieden aussehen und sich nach dem Abblühen verschieden verhalten, ist begreiflich; die Unterschiede werden z. B. bei *Petasites* auffallend, dessen weibliche Blütenstandsachsen sich bei der Samenreifung auffallend verlängern, während die männlichen Blütenstände absterben.

2. Vegetative Entwicklung.

Die gestaltlichen Veränderungen, die sich im Lauf der individuellen Entwicklung einstellen, wurden zum Teil schon in den vorhergehenden Kapiteln in anderem Zusammenhang behandelt, da eben sie es vielfach sind, welche die morphologische Wertigkeit von Ausgliederungen festzustellen gestatten. Im folgenden sei zusammenfassend ein kurzer Überblick mit einigen Ergänzungen gegeben.

Von besonderem Interesse sind die Jugendformen. Sie weisen vielfach die stammesgeschichtlich ausgebildeten Merkmale der voll entwickelten Pflanze noch nicht auf, sind also teils einfacher gestaltet, wenn es sich um progressive Entwicklung handelt, teils noch nicht so stark vereinfacht, wenn Rückbildungen vorliegen. Unter bestimmten Außenbedingungen können Jugendformen zeitlebens erhalten bleiben;

bei der einen Pflanze kann eine Jugendform vorübergehend auftreten, bei der anderen aber als ausschließliche Ausbildungsform beibehalten werden.

Jugendformen treten schon bei Algen auf. Die Froschlaichalge (*Batrachospermum*, Abb. 105) besitzt im ausgewachsenen Zustand eine mehrere cm lange aufrechte, monopodial verzweigte Hauptachse, die mit Rindenzellen und wirtelig gestellten Seitenzweigbüscheln besetzt ist. Dieser Thallus entsteht aus mikroskopisch kleinen, unregelmäßig seitlich verzweigten kriechenden Fäden; bei

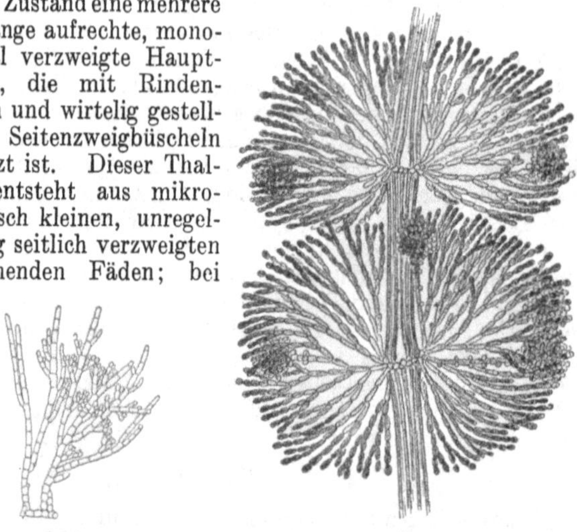

Abb. 105. Jugendform (a) und Teil eines vollentwickelten Thallus (b) der Rotalge *Batrachospermum*. Stark vergrößert. Nach Sirodot.

Lichtmangel wird die Jugendform dauernd festgehalten, sie ist in diesem Sinn eine Hemmungsbildung. Eine Jugendform ist auch das Moosprotonema, das ebenfalls unter ungünstigen Außenbedingungen dauernd beibehalten werden kann. Besonders auffallend werden Jugendformen naturgemäß bei den reichgegliederten Samenpflanzen. An Phyllodien bildenden Akazien läßt sich die Entstehung der Blattstielabflachung der Folgeblätter über Zwischenformen aus typischen Fiederblättern verfolgen; Fiederblätter sind für verwandte Arten zeitlebens bezeichnend (Abb. 62). Die abgeleiteten schuppigen Blätter mancher Nadelhölzer entstehen erst nach Bildung typischer Nadeln (Abb. 106). Bei *Lathyrus Aphaca* (Abb. 1b, 107) läßt sich die Umbildung der Blätter in Ranken, bei *Berberis* in Dorne usw. verfolgen. Linde und Buche entwickeln in der Jugend radiäre Sprosse mit $^1/_3$—$^2/_5$-Blattstellung, später dorsiventrale mit zweizeilig gestellten, asymmetrischen Blättern. Beim Efeu wird die Jugendform auffallend lang, nämlich bis zur Bildung blühfähiger Sprosse beibehalten (Abb. 108); an schattigen Standorten wird die Ausbildung der Folgeform verzögert oder unterdrückt. Das gleiche gilt auch für die in der Jugend und im ausgewachsenen Zustand verschiedenen Blätter von *Campanula rotundifolia* (Abb. 109) und in vielen anderen Fällen.

Abb. 106.

Abb. 107.

Abb. 106. Keimling von *Thuja occidentalis*. *k* Keimblätter, darüber Nadelblätter. *a* Sproß mit Schuppenblättern. Verkleinert. Nach Warming.

Abb. 107. Keimling von *Lathyrus Aphaca*. *S* Same, *a* schuppenförmige Blätter, im oberen Teil Entwicklung der Nebenblätter (Ranken noch nicht ausgebildet, vgl. Abb. 1b). Nach Nordhausen.

Die Ausbildung auffallend verschieden gestalteter Jugend- und Folgeblätter (Heterophyllie) tritt oft in bestimmtem funktionellen Zusammenhang auf und wird dann weniger vom Alterszustand, als von den eben herrschenden Außenbedingungen abhängig. Besonders bei Wasserpflanzen sind die Unterschiede zwischen den zuerst entstehenden Wasserblättern und den später gebildeten Luftblättern sehr auffallend. Die Wasserblätter sind bei den Dikotylen meist kiemenartig zerschlitzt (Abb. 2, Wasserhahnenfuß), bei den Monokotylen lang bandartig entwickelt (Abb. 110)[1]). Ist der Wasserstand zu hoch, so werden nur Wasserblätter gebildet; manche

[1]) Dies hängt offenbar damit zusammen, daß die Laubblätter der Monokotylen nicht zur Gänze homolog mit denen der Dikotylen sind, sondern ihnen die Blattspreite fehlt.

Pflanzen leben dauernd untergetaucht und bilden dann überhaupt nur Wasserblätter (unter den Dikotylen *Myriophyllum*, unter den Monokotylen das Seegras). Im Fall der Ausbildung verschiedener Blätter innerhalb und außerhalb des Wassers,

Abb. 108. Efeu (*Hedera Helix*). a dorsiventraler, steriler Klettersproß mit Haftwurzeln und fünflappigen Blättern (Jugendform), b aufrechter, blühreifer Sproß (Folgeform). Nach Nordhausen.

wie z. B. bei *Sagittaria*, entscheiden übrigens die Außenbedingungen (der Wasserstand) nicht unmittelbar über die Entstehung der einen oder anderen Blattform, sondern auf dem Umweg verschiedener Ernährungsverhältnisse, die entsprechend auf den Vegetationspunkt einwirken; dies folgt schon daraus, daß auch die Luftblätter unter dem Wasserspiegel angelegt werden. In deutlicher Abhängigkeit von den Außenbedingungen entstehen Licht- und Schattenblätter z. B. bei der Buche (die letzteren sind, abgesehen von anatomischen Unterschieden, großflächiger

Abb. 109.

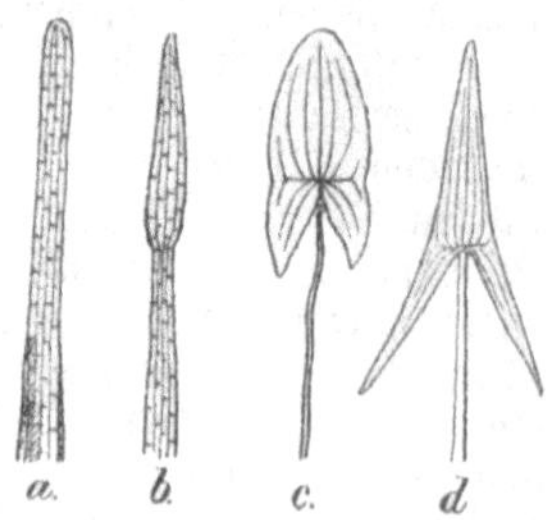

Abb. 110.

Abb. 109. Blattformen von *Campanula rotundifolia* (Glockenblume). a Jugendform, b Übergangsform, c Folgeform. Verkleinert. Nach Nordhausen.

Abb. 110. Blattformen von *Sagittaria*. a untergetauchtes Bandblatt, b Übergangsform, c Schwimmblatt, d Luftblatt. Verkleinert. Nach Glück.

und zarter); doch besitzen die ersten Blätter von im Schatten gewachsenen Sprossen, auch wenn sie in die Sonne geraten, Schattenblattcharakter.

Manche Pflanzen können sowohl im Wasser wie auf dem Lande wachsen und sehen dann im ganzen sehr verschieden aus. Der Wasserknöterich bildet im Wasser lange, biegsame

Abb. 111a. *Polygonum amphibium* (Wasserknöterich), Wasserform; man erkennt im Bild die Schwimmblätter, die zarten Stengel und einige Blütenstände (außerdem ein Blatt des Froschlöffels und Wasserlinsen).

und flutende Achsen mit großflächigen Schwimmblättern, auf dem Land entwickeln sich dagegen aufrechte, steife Achsen mit kürzeren Internodien und kleineren Luftblättern (Abb. 111). Allgemein bewirken Luftfeuchtigkeit und mäßiges Licht Großflächigkeit der Blätter, während Trockenheit und starkes Licht entgegengesetzt wirken (Abb. 112).

Als Beispiele für heterophylle Ausbildung von Blättern,

die nicht durch Beeinflussung durch die Umwelt hervorgerufen wird, sondern als Organisationsmerkmal auftritt, sei auf die schon früher erwähnten Nischenblätter epiphytischer Farne und die wurzelartigen Wasserblätter von *Salvinia* verwiesen. Im ersten Fall entstehen in regelmäßiger Abwechslung gestielte, gefiederte Laubblätter und humussammelnde

Abb. 111b. Landform des Wasserknöterichs (vgl. Abb. 111a).

Nischenblätter, die mit breiter Basis aufsitzen, ihr Chlorophyll bald verlieren und derbe Rippen ausbilden. Bei *Salvinia* entwickelt sich je ein Blatt der dreigliedrigen Wirtel zu einem zerschlitzten, chlorophylllosen, wurzelähnlichen Wasserblatt, je zwei Blätter werden zu Schwimmblättern.

Die verschiedene Blattausbildung steht in diesen Fällen in Zusammenhang mit der Ausübung verschiedener Funktionen. Nicht selten stellt sich Funktionswechsel auch

Abb. 112. Blätter von *Taraxacum* (Löwenzahn), a bei mittlerer Luftfeuchtigkeit, b in dampfgesättigtem Raum gewachsen. Verkleinert. Nach Wiesner.

während der individuellen Entwicklung eines Organs ein. Allgemein ist der Funktionswechsel bei den Wurzeln, die in der Jugend als Aufnahmeorgane für die im Wasser gelösten Nährstoffe dienen, nach Verlust der Wurzelhaare aber unter entsprechender Umgestaltung zu stoffleitenden und festigenden Organen werden. Viele Keimblätter dienen anfangs als Speicher, später als Assimilationsorgane. Die Basis der Laubblätter des Sauerklees verdickt sich zu einem Speicherorgan, das nach Abwerfen des Blattstiels samt der Spreite erhalten bleibt. Bei der roten Meeresalge *Delesseria* wird die Mittelrippe des blattartigen Thallus, nachdem die „Spreite" abgestorben ist, zu einem Dauerorgan, das wieder neue „Blätter" bildet (Abb. 13). Besonders häufig kommt Funktionswechsel im Bereich der Blüte während der Fruchtreife vor.

3. Bildungsabweichungen und Gallen.

Als Bildungsabweichungen oder Mißbildungen bezeichnet man meistens abnorme, krankhafte (teratologische) Veränderungen; die Abgrenzung gegenüber „normalen" Umbildungen ist natürlich oft willkürlich. Einige auffallende solcher Veränderungen (Pelorien, Fasziationen, Vergrünungen usw.) wurden schon in anderem Zusammenhang besprochen. Hier sei im besonderen auf die bezeichnende Formabweichung hingewiesen, die bei Wegfall der normalen Lichtwirkung entsteht: bei den Dikotylen verlängern sich die Internodien und verkümmern die Blattspreiten, bei den Monokotylen verlängern sich meist die Blätter („Vergeilung", Etiolement). Analoge Erscheinungen treten auch bei nichtgrünen Pflanzen auf, so an den Fruchtkörpern der Hutpilze, deren Stiele sich strecken und deren Hüte verkümmern (Abb. 113).

Eine besondere Art von Mißbildungen sind die Gallen. Eine Galle ist allgemein jede Bildung, die als Reaktion auf den Befall durch einen Parasiten bzw. auf die von ihm ausgeübten Reize entsteht. In manchen Fällen handelt es sich um wenig bezeichnende Reaktionen, z. B. um Wucherungen, wie sie auch nach gewöhnlichen Verwundungen auftreten, oder um Vergrünung oder Füllung von Blüten, die auch durch bloße Ernährungseinflüsse hervorgerufen werden; in anderen Fällen entstehen Gestalten von höchster Eigenart, so, wenn

Abb. 113.

Abb. 114.

Abb. 113. *Lentinus squamosus*, a normaler, b durch Dunkelheit mißgebildeter (vergeilter) Fruchtkörper. Verkleinert. Nach Nordhausen.

Abb. 114. Blattfieder von *Pteris quadriaurita* mit durch den Pilz *Taphrina* hervorgerufenen hexenbesenartigen Adventivsprossen. Nach Giesenhagen.

die Pflanze Neubildungen hervorbringt, die gar nicht in ihrer Organisation zu liegen scheinen und zudem in einer für den Parasiten geeigneten Weise funktionieren (z. B. auf Blättern fleischige Behälter bildet, die Nährgewebe für die in ihnen sich entwickelnden Insektenlarven enthalten und sich am Ende von deren Entwicklung mit einem Deckel öffnen). Daß solche Bildungen in spezifischer Weise durch vom Parasiten ausgeschiedene Stoffe angeregt werden, folgt z. B. daraus, daß auf derselben Pflanze, etwa auf den Blättern der Eiche, von verschiedenen Gallwespen charakteristisch verschiedene Gallen hervorgerufen werden (am bekanntesten sind die Galläpfel).

Als Gallen erzeugende Organismen kommen hauptsächlich Pilze, Würmer, Gallmilben, Gallmücken und Gallwespen vor. Gallen treten bei einigen Thallophyten, Moosen und Farnen, in größter Formenmannigfaltigkeit aber bei den Samenpflanzen auf, an welchen sie auf fast allen Teilen entstehen können. Die Veränderung der Wirtspflanze bzw. ihrer Teile ist allgemein um so stärker, je früher sie befallen wird.

Als Beispiel für Gallen, die auf einer Förderung oder Hemmung von Anlagen beruhen, seien folgende genannt: gesteigerte Internodienlänge, gehemmte bzw. sukkulente Blattbildung und Unterdrückung der Verzweigung und Blütenbildung tritt an *Euphorbia cyparissias* auf, wenn sie von dem Rostpilz *Uromyces pisi* befallen ist; im Fall der von verschiedenen Pilzen hervorgerufenen Hexenbesen treiben Achselknospen vorzeitig aus, die sonst erst im Lauf mehrerer Jahre zur Entwicklung gekommen wären; der in Abb. 114 dargestellte Hexenbesen ist dagegen ein blattbürtiges Adventivsproßsystem; unter der Einwirkung von Pilzen und Tieren entstehen statt gestielter Blätter sitzende, statt ± ganzrandiger gelappte, unscheinbare Nebenblätter können zu großen Spreiten heranwachsen, Schlauchblätter treten auf usw.; aus dorsiventralen Blüten werden radiäre (*Lonicera xylosteum*); in den weiblichen Blüten der Lichtnelke werden durch den Brandpilz *Ustilago violacea* die normalerweise gehemmten Anlagen der Staubblätter zur Entwicklung gebracht (der Pilz entwickelt sich in den Antheren, die bei der Reife statt mit Pollenkörnern mit den Pilzsporen angefüllt sind).

Neubildungen sind die gehäuseartigen Gallen. In diesem Fall bildet die Pflanze um das Gallentier einen Behälter, in dessen Innerem es sich entwickelt (Galläpfel und Knoppern auf der Eiche, Kapselgallen auf Lindenblättern usw.); mitunter zeigen sie auch Farbstoffbildung (rotbackige Galläpfel). Derartige Gallenbildungen sind, abgesehen von ihrer allgemein biologischen Bedeutung, auch deshalb von großem Interesse, weil hier ganz bestimmte Reize formbildend wirken; sie bieten in dieser Hinsicht vielfache Anregungen zur kausalen Erforschung morphologischer Vorgänge.

Erklärung der wichtigsten Fachausdrücke.

(Unter Benutzung von G. Niemann, Etymologische Erläuterung der wichtigsten botanischen Namen und Fachausdrücke, Osterwieck-Harz, 1908.)

Achäne, einsamige Schließfrucht der Kompositen (gr. *a* = ohne, *cháinein* = sich öffnen).

adventiv, hinzukommend (lat. *advenire* = hinzukommen).

akropetal, in der Richtung nach dem Gipfel zu (gr. *ákros* = oberst, lat. *pétere* = anstreben).

aktinomorph, radiär, strahlig (gr. *aktís* = Strahl, *morphé* = Gestalt).

alternierend, abwechselnd (lat. *altérnus* = abwechselnd).

amphibisch, doppellebig, nämlich im Wasser und auf dem Land (gr. *amphí* = beidseitig, *bíos* = Leben).

analog, morphologisch ungleichwertig, aber gleich funktionierend (gr. *análogos* = verhältnismäßig, angemessen).

Anisophyllie, Ungleichblättrigkeit im Zusammenhang mit Dorsiventralität der Sprosse (gr. *ánisos* = ungleich, *phýllon* = Blatt).

Anthe e, Staubbeutel, Gesamtheit der Pollensäcke (gr. *antherós* = blühe d).

apokarp, freiblättriges Gynäzeum (gr. *apó* = ohne, *karpós* = Frucht).

Appendix, lat. Anhängsel.

äquifacial, gleichseitig (lat. *aéquus* = gleich, *fácies* = Fläche).

Arillus, neulat. Samenmantel.

Ästivation, Knospendeckung (lat. *aestivus* = im Sommer wachsend).

axil, achsenständig (lat. *axis* = Achse).

axillär, achselständig (lat. *axilla* = Achsel).

azyklisch, nicht in Kreisen angeordnet (gr. *a* = ohne, *kýklos* = Kreis).

basipetal, nach der Basis zu (gr. *basis* = Grund, lat. *pétere* = anstreben).

bifazial, zweiseitig (lat. *bis* = zweimal, *facies* = Fläche).

Braktee, Deckblatt (lat. *bráctea* = dünnes Metallblech).

Brakteolen, Verkleinerungsform d. vorigen.

Chalaza, Basalteil der Samenanlage (gr. *chálaza* = Hagel, Gerstenkorn am Augenlid.)

chasmogam, Bezeichnung für Blüten, die sich öffnen und fremdbestäubt werden (gr. *chásma* = Öffnung, *gaméin* = heiraten).

Chromatophor, Farbstoffträger (gr. *chróma* = Farbe, *phoréin* = tragen).

dekussiert, kreuzweise gegenständig (lat. *dekussáre* = kreuzweise abteilen).

Dichasium, zymöser Blütenstand mit jeweils zwei Seitenästen an der relativen Hauptachse (gr. *dis* = zweifach, *chásis* = Spalt).

Dichotomie, Gabelverzweigung (gr. *dichotoméin* = zweiteilen).

Dimorphismus, Zweigestaltigkeit (gr. *dis* = zweimal, *morphé* = Gestalt).

diözisch, zweihäusig (Verteilung männlicher und weiblicher Blüten auf verschiedene Individuen; gr. *dis* = zweimal, *óikos* = Haus).

Diskus, scheibenförmig verbreiterte Achse (gr. *dískos* = Wurfscheibe).

Divergenz, der Winkel, den die Mittelachsen zweier aufeinanderfolgender Blätter einschließen (lat. *divérgere* = auseinandergehen).

dorsiventral, Körper mit einer Rücken- und Bauchseite und einer einzigen Symmetrieebene (lat. *dórsum* = Rücken, *vénter* = Bauch).

Elaiosom, ölreiche Anhängsel an Samen oder sonstige äußerlich und funktionell ähnliche Bildungen, die der Verbreitung von Samen und Früchten durch Tiere dienen (gr. *elaíon* = Öl, *Soma* = Körper).

Embryo, der noch im Samen eingeschlossene Keimling (gr. *émbryon* = ungeborene Leibesfrucht).

Emergenz, meist stachelige Anhänge, die außer aus Hautgewebe auch aus Grundgewebe aufgebaut sind (lat. *emérgere* = hervortreten).

endogen, aus dem Innern entstehend (gr. *éndon* = innen, *génos* = Abstammung).

Endokarp, innerste Schicht der Fruchtwand (gr. *éndon* = innen, *karpós* = Frucht).

Endosperm, das aus dem Embryosack entstehende Nährgewebe des Samens (gr. *éndon* = innen, *spérma* = Same).

Epikarp, äußere Schicht der Fruchtwand (gr. *epí* = auf, über, *karpós* = Frucht).

Epikotyl, das Internodium oberhalb der Keimblätter (gr. *epí* = über, *kotyledón* = Vertiefung, Keimblatt).

Epiphyten, Überpflanzen (gr. *epí* = über, *phytón* = Pflanze).

exogen, äußerlich entstehend (gr. *éxo* = außen, *génos* = Abstammung).

Fasziation, Verbänderung (lat. *fáscis* = Bündel).
Funikulus, Nabelstrang (lat. Verkleinerungsform von *fúnis* = Seil).
Gamet, Geschlechtszelle (gr. *gamétes* = Ehemann).
Gametangium, gametenbildendes Organ (gr. *angéion* = Behälter).
Gametophyt, Geschlechtspflanze (gr. *gamétes* = Ehemann, *phytón* = Pflanze).
Generation, Fortpflanzung (lat. *generátio* = Zeugung; oft auch in anderem Sinn gebraucht [z. B. in der Genetik]).
Gynäzeum, Gesamtheit der Fruchtblätter (gr. *gyné* = Weib, *óikos* = Haus).
Gynophor, Fruchtknotenträger (gr. *gyné* = Weib, *phoréin* = tragen).
Haustorium, Saugorgan der Parasiten (lat. *haústus* = ausgeschöpft).
hemizyklisch, teilweise in Kreisen angeordnet (gr. *hemí* = halb, *kýklos* = Kreis).
Heterophyllie, Ausbildung verschieden gestalteter Jugend- und Folgeblätter oder durch Außenbedingungen verschieden gestalteter Blätter (gr. *héteros* = verschieden, *phýllon* = Blatt).
Heterosporie, Verschiedensporigkeit (gr. *héteros* = verschieden, *sporá* = Saat).
Heterostylie, Verschiedengriffeligkeit (gr. *héteros* = verschieden, *stýlos* = Säule, Griffel).
Hilum, Abrißstelle (Nabel) des Samens (lat. *hílus* = alte Nebenform von *pílus* = Haar).
homolog, morphologisch gleichwertig (gr. *homologéin* = übereinstimmen).
Hypokotyl, Achsenstück des Keimlings unterhalb der Keimblätter (gr. *hypó* = unter, *kotyledón* = Keimblatt).
imbrikat, dachziegelig (lat. *imbrex* = Hohlziegel).
Infloreszenz, Blütenstand (lat. *floréscere* = erblühen).
Integument, lat. *integuméntum* = Decke, Hülle.
interkalar, lat. *intercaláre* = einschalten.
Internodium, Zwischenknoten (lat. *inter* = zwischen, *nódus* = Knoten).
interpetiolar, zwischen Blattstielen stehend (lat. *inter* = zwischen, *petíolus* = Blattstiel).
Involukrum, Hülle von Blütenständen (lat. *invólucrum* = Hülle).

Karpell, Fruchtblatt (gr. *karpós* = Frucht).

Karunkula, fleischige Wucherung an Samen in der Nähe der Mikropyle (lat. *carúncula* = ein Stückchen Fleisch).

Karyopse, einsamige Schließfrucht der Gräser (gr. *káryon* = Nuß, *ópsis* = Aussehen).

Kladodium, Flachsproß (gr. *kládos* = Schößling).

kleistogam, Bezeichnung für Blüten, die geschlossen bleiben und sich selbst bestäuben (gr. *kléistos* = geschlossen, *gaméin* = heiraten).

kongenital, gemeinsam entstehend (lat. *con*, *cum* = zusammen, *genitális* = entstehend).

Konnektiv, Verbindungsstück der Antherenhälften (lat. *connéctere* = zusammenknüpfen).

kontort, zusammengedreht (lat. *contórtus*).

Kormus, der in Blatt, Stamm und meist auch Wurzel gegliederte Pflanzenkörper (gr. *kormós* = Stamm).

Korolle, Blumenkrone (lat. Verkleinerung von *coróna* = Krone).

Korona, Nebenkrone (s. vorige).

Kotyledonen, Keimblätter (gr. *kotyledón* = Vertiefung).

Kupula, becherförmige Hülle (lat. *cúpula* = Becher).

Lamina, Blattspreite (lat. *lámina* = Platte, Blatt).

Ligula, Blatthäutchen (lat. *lígula* = Bändchen).

lokulizid, fachspaltig (lat. *lóculus* = Fruchtknotenfach, *cédere* = weichen).

Makrospore, große Spore, welche ein weibliches Prothallium liefert (gr. *makrós* = groß, *sporá* = Spore).

Mesokarp, mittlere Schichte der Fruchtwand (gr. *mésos* = in der Mitte, *karpós* = Frucht).

Metamorphose, Verwandlung, Umwandlung (gr. *metamórphosis*).

Mikropyle, Eingangsöffnung der Samenanlagen (gr. *mikrós* = klein, *pýle* = Tor).

Mikrospore, kleine Spore, welche ein männliches Prothallium liefert (gr. *mikrós* = klein, *sporá* = Spore).

Monochasium, zymöser Blütenstand mit jeweils nur einer Seitenachse an der relativen Hauptachse (gr. *mónos* = allein, *chásis* = Spalt).

Monopodium, Verzweigungssystem mit durchlaufender Hauptachse (gr. *mónos* = einzeln, *pús*, *podós* = Fuß).

monözisch, einhäusig (Verteilung männlicher und weiblicher Blüten auf dem gleichen Individuum; gr. *mónos* = einzeln, *óikos* = Haus).

Morphologie, Gestaltlehre (gr. *morphé* = Gestalt, *lógos* = Lehre).
Mutation, erbliche Veränderung (lat. *mutátio* = Veränderung).
Myzelium, der fädige Vegetationskörper der Pilze (gr. *mýkes* = Pilz).
Nuzellus, der innere Gewebekörper der Samenanlage, der die Makrosporen bildet (lat. Verkleinerungsform von *nux* = Nuß).
Ochrea, der röhrige Blatteil der Polygonazeen (lat. *ócrea* = Beinschiene).
Organ, gr. *órganon* = Werkzeug.
Orthostiche, Gradzeile (gr. *orthós* = gerade, *stíchos* = Reihe).
orthotrop, aufgerichtet (*orthós* = aufrecht, *trópos* = Wendung).
Pappus, meist als Haarkrone entwickelter Kelch der Kompositen (gr. *páppos* = Großvater).
parakarp, verwachsenblättriges, aber einfächeriges Gynäzeum (gr. *pará* = daneben, *karpós* = Frucht).
Parasiten, gr. *parásitos* = Schmarotzer.
Parastiche, Nebenzeile (gr. *pará* = neben, *stíchos* = Reihe).
parietal, wandständig (lat. *páries* = Wand).
Parthenokarpie, Fruchtbildung ohne Befruchtung (gr. *parthénos* = Jungfrau, *karpós* = Frucht).
Pelorie, radiäre Ausbildung normalerweise dorsiventraler Blüten (gr. *pélor* = Ungetüm).
peltat, schildförmig (gr. *pélte* = kleiner Schild).
Perianth, Blütenhülle (gr. *perí* = herum, *ánthos* = Blüte).
Perigon, aus gleichartigen Blättern gebildete Blütenhülle (gr. *perí* = herum, *gónos* = Sprößling).
Perikarp, Fruchtwand (gr. *perí* = herum, *karpós* = Frucht).
Perisperm, aus dem Nuzellus hervorgegangenes Nährgewebe des Samens (gr. *perí* = herum, *spérma* = Same).
Petalen, Kronblätter (gr. *pétalon* = Blatt); Petaloidie, kronblattartiges Aussehen (gr. *éidos* = Aussehen).
Phyllodien, blattartig abgeflachte Blattstiele (gr. *phýllon* = Blatt, *éidos* = Aussehen.
Phyllokladien, blattartig abgeflachte Zweige (gr. *phýllon* = Blatt, *kládos* = Zweig).
Pistill, Stempel (lat. *pistíllum* = Mörserkeule).
plagiotrop, schräg, geneigt (gr. *plágios* = schräg, *trópos* = Richtung).
Plazenta, meist leistenförmige Anheftungsstelle der Samenanlagen im Fruchtknoten (lat. *placénta* = Kuchen, Mutterkuchen).

Pleiochasium, zymöser Blütenstand mit jeweils mehr als zwei Seitenästen an der relativen Hauptachse (gr. *pléion* = mehr, *chásis* = Spalt).

Plumula, veralteter Ausdruck für den embryonalen Sproßvegetationspunkt oder eigentlich die erste Laubknospe des Samens (lat. Verkleinerung von *pluma* = Flaumfeder).

Pollen, Blütenstaub (lat. *póllen* = Staubmehl).

postgenital, später entstehend (lat. *post* = nach, *genitális* = entstehend).

Primordialblatt, embryonale Blattanlage (lat. *primórdium* = Anfang, Ursprung).

Prothallium, thallusartiger Gametophyt der Farngewächse und Gymnospermen (gr. *pro* = vor, *thallós* = junger Zweig).

Protonema, der meist fadenförmige Vorkeim der Moose (gr. *prótos* = der erste, *néma* = Faden).

radiär, strahlig (lat. *rádius* = Radspeiche).

Radikula, Keimwurzel (lat. Verkleinerungsform von *rádix* = Wurzel).

Raphe, leistenförmige Verwachsung des Funikulus mit dem Samen (gr. *rhaphé* = Naht).

razemös, traubig (lat. *racémus* = Traube).

Resupination, Umkehrung durch Wachstumsvorgänge, wodurch die Oberseite zur Unterseite wird (lat *resupinátus* = umgewendet).

Rezeptakulum, Blütenboden (lat. *receptáculum* = Behälter).

Rhizoid, haarförmige Haftfäden des Thallus (gr. *rhíza* = Wurzel, *éidos* = Aussehen).

Rhizom, Wurzelstock, d. h. die unterirdische Achse, welche Wurzeln bildet (gr. *rhíza* = Wurzel).

rudimentär, rückgebildet (lat. *rudiméntum* = der erste Anfang).

Sepalen, Kelchblätter (lat. *separáre* = trennen).

septizid, scheidewandspaltig (lat. *séptum* = Scheidewand, *cédere* = weichen).

serial, übereinander in einer Reihe angelegte Beiknospen (lat. *séries* = Reihe).

sexuell, geschlechtlich (lat. *séxus* = Geschlecht).

Spatha, scheidenartiges Hochblatt der Blütenstände der Arazeen und Palmen (lat. *spátha* = gr. *spáthe* = Spatel, Blütenscheide).

Spore, vegetative Fortpflanzungszelle (gr. *sporá* = Saat); Sporangium, sporenbildendes Organ (gr. *angéion* = Behälter).

Sporophyll, sporangientragendes Blatt (gr. *phýllon* = Blatt).
Stamen, Staubblatt, Stamina, Staubblätter (lat. *stámen* = Faden).
Staminodien, rückgebildete oder auch umgebildete sterile Staubblätter (lat. *stámen* = Staubblatt, gr. *éidos* = Aussehen, sprachlich schlecht gebildet).
steril, unfruchtbar (lat. *sterílis*).
Stipeln, Stipulae, Nebenblätter; Stipellen, Nebenblättchen von Teilblättern (lat. Verkleinerungsformen von *stípes* = Stiel).
Stolonen, Ausläufer (lat. *stólo* = Ausläufer, gr. *stólos* = Gefolge, Schar).
sukkulent, saftig, für saftige verdickte Sprosse und Blätter (lat. *súccus* = Saft).
Symmetrie (gr. *symmetría* = das richtige Verhältnis, Ebenmaß).
Sympodium, Sproßsystem mit nicht durchlaufender Hauptachse (gr. *sym* = zusammen, *pod-* = Fuß).
synkarp, verwachsenblättriges, mehrfächeriges Gynäzeum (gr. *syn* = zusammen, *karpós* = Frucht).
Telome, Enden von Gabeltrieben fossiler Farnpflanzen (gr. *télos* = Ende).
Teratologie, Lehre von den Mißbildungen (gr. *téras* = Ungeheuer, *lógos* = Lehre).
Testa, Samenschale (lat. *tésta* = Schale).
Thallus, der nicht in Wurzel, Stamm und Blatt gegliederte Vegetationskörper (gr. *thallós* = junger Zweig).
Torsion, Drehung (lat. *torquére* = drehen).
transversal, lat. *transvérsus* = quer.
Trichom, Haar (gr. *tríchoma* = Behaarung).
Typus, gr. *týpos* = Bild, Abbild.
unifazial, einseitig (lat. *únus* = einer, *facies* = Fläche).
valvat, klappig (lat. *válvae* = Türflügel, Klappen).
Vegetation, lat. *vegetáre* = beleben.
Vernation, Knospenlage (lat. *vérnus* = im Frühling).
zönokarp, verwachsenblättriges Gynäzeum (gr. *koinós* = gemeinsam, *karpós* = Frucht).
zygomorph, mit einer Symmetrieebene (Blüten) = dorsiventral (gr. *zygón* = Joch, *morphé* = Gestalt).
zyklisch, in Kreisen angeordnet (gr. *kýklos* = Kreis).
zymös, trugdoldig (Blütenstände) (lat. *cýma* = Trugdolde, von gr. *kýma* = Welle).

Sachverzeichnis.

W. NEGER und E. MÜNCH

Die Laubhölzer

3., durchgesehene Auflage, herausgegeben von B. Huber. Mit 63 Figuren und 7 Tabellen. 142 S. 1950. DM 2,40 (Sammlung Göschen Band 718)

H. KUCKUCK

Pflanzenzüchtung

2., durchgesehene Auflage. Mit 12 Abbildungen. 125 S. 1944. (Sammlung Göschen Band 1134) DM 2,40

H. HEIL

Entwicklungsgeschichte des Pflanzenreiches

2. Auflage. Mit 94 Abbildungen und 1 Tabelle. 138 S. 1950. (Sammlung Göschen Band 1137) DM 2.40

J. HÄMMERLING

Fortpflanzung im Tier- und Pflanzenreich

2., ergänzte Auflage. Mit 101 Abbildungen. 135 Seiten. 1951. (Sammlung Göschen Band 1138) DM 2,40

M. HARTMANN

Geschlecht und Geschlechtsbestimmung im Tier- und Pflanzenreich

2. Auflage. Mit 62 Abbildungen. 1950. DM 2,40 (Sammlung Göschen Band 1127)

Walter de Gruyter & Co. / Berlin W 35

P. BUCHNER

Symbiose der Tiere mit pflanzlichen Mikroorganismen

2., verbesserte und vermehrte Auflage. Mit 121 Abbildungen. 130 Seiten. 1949. DM 2,40
(Sammlung Göschen Band 1128)

W. SCHWARTZ

Grundriß der allgemeinen Mikrobiologie

Band I: Mit 17 Abbildungen. 104 S. 1949. DM 2,40
Band II: Mit 12 Abbildungen. 93 S. 1949. DM 2,40
(Sammlung Göschen Band 1155 und 1157)

K. WETZEL

Grundriß der allgemeinen Botanik

2. Auflage. Herausgegeben von Prof. Dr. Ulrich und Dr. Arnold. Zwei Bände in Vorbereitung.

W. SCHOENICHEN

Von deutschen Bäumen

Mit 16 Tafeln und zahlreichen Textabbildungen. 269 S. 1949. Ganzleinen DM 5,80

„Das neue Baumbuch von Walter Schoenichen, dem langjährigen Leiter des deutschen Naturschutzes, ist ein Dreiklang von Botanik, Kulturgeschichte und Poesie. Nicht nur den dendrologischen Liebhabern, allen sei dieses Buch eine wertvolle Ausfüllung stiller Abendstunden".
Deutsche Gärtnerbörse 10/1950

Die Erde

Zeitschrift der Gesellschaft für Erdkunde zu Berlin
Jährlich erscheinen 4 Hefte im Umfang von je 96 Seiten.
Preis je Jahrgang DM 22,— (je Heft DM 6,—)

Walter de Gruyter & Co. / Berlin W 35

GESAMTVERZEICHNIS

SAMMLUNG GÖSCHEN

DAS WISSEN DER WELT IN KURZEN, KLAREN, ALLGEMEINVERSTÄNDLICHEN EINZELDARSTELLUNGEN NACH DEN LEHRPLÄNEN DER DEUTSCHEN UNIVERSITÄTEN UND HOCHSCHULEN AUFGEBAUT

JEDER BAND DM 2,40

DOPPELBAND DM 4,80

STAND APRIL 1954

WALTER DE GRUYTER & CO.

BERLIN W 35

INHALTSVERZEICHNIS

Geisteswissenschaften

Philosophie · Pädagogik · Psychologie · Soziologie

Einführung in die Philosophie von *H. Leisegang.* 2. Auflage. 145 Seiten. 1951 . . . . Bd. 281

Erkenntnistheorie von *G. Kropp* 1. Teil: Allgemeine Grundlegung. 143 Seiten. 1950 . . . . Bd. 807

Hauptprobleme der Philosophie von *G. Simmel*†. 7., unveränd. Auflage. 177 Seiten. 1950 . . . . Bd. 500

Geschichte der Philosophie

I: Die griechische Philosophie von *W. Capelle.* 1. Teil. Von Thales bis Leukippos. 2., erweiterte Auflage. 135 Seiten. 1953 . . . . Bd. 857

II: Die griechische Philosophie von *W. Capelle.* 2. Teil. Von der Sophistik bis zum Tode Platons. 2., stark erweiterte Auflage. 144 Seiten. 1953 . . . . Bd. 859

III: Die griechische Philosophie von *W. Capelle.* 3. Teil. Vom Tode Platons bis zur Alten Stoa. 2., stark erweiterte Auflage. 132 Seiten. 1954 . . . . Bd. 859

IV: Die griechische Philosophie von *W. Capelle.* 4. Teil. Von der Alten Stoa bis zum Eklektizismus im 1. Jahrhundert v. Chr. 2., stark erweiterte Auflage. 132 Seiten. 1954 . . . . Bd. 863

V: Die Philosophie des Mittelalters von *J. Koch.* In Vorbereitung . . . . Bd. 826

VI: Die vorkantische Philosophie von *K. Schilling.* In Vorbereitung . . . . Bd. 394

VII: Immanuel Kant von *G. Lehmann.* In Vorbereitung . Bd. 536

VIII: Die Philosophie des 19. Jahrhunderts von *G. Lehmann.* 1. Teil. 151 Seiten. 1953 . . . . Bd. 571

IX: Die Philosophie des 19. Jahrhunderts von *G. Lehmann.* 2. Teil. 168 Seiten. 1953 . . . . Bd. 709

X: Die Philosophie im ersten Drittel des 20. Jahrhunderts von *G. Lehmann.* In Vorbereitung . . . . . . Bd. 845

Die geistige Situation der Zeit (1931) von *K. Jaspers.* 3., unveränderter Abdruck der 1932 bearbeiteten 5. Auflage. 211 Seiten. 1953 . . . . Bd. 1000

Philosophisches Wörterbuch von *M. Apel.* 4., unveränderte Auflage. 260 Seiten. 1953 . . . . Bd. 1031

Geschichte der Pädagogik von *H. Weimer.* 11., neubearbeitete und vermehrte Auflage. 1954. In Vorbereitung . . . Bd. 145

Therapeutische Psychologie. Freud – Adler – Jung von *W. M. Kranefeldt.* Mit einer Einführung von *C. G. Jung.* 2. Auflage. 152 Seiten. 1950 . . . . Bd. 1034

Soziologie. Geschichte und Hauptprobleme von *L. von Wiese.* 4. Auflage. 151 Seiten. 1950 . . . . Bd. 101

Religionswissenschaften

Buddhismus von *E. Waldschmidt.* 2 Teile. 1955. In Vorber. Bd. 174/770

Jesus von *M. Dibelius* †. 2. Auflage. Unveränderter Nachdruck. 137 Seiten. 1949 . . . . Bd. 1130

Paulus von *M. Dibelius* †. Nach dem Tode des Verfassers herausgegeben und zu Ende geführt von *W. G. Kümmel.* 155 Seiten. 1951 . . . . Bd. 1160

Musik

Musikästhetik von *H. J. Moser.* 180 Seiten. 1953 . . . . Bd. 344

Systematische Modulation von *R. Hernried.* 2. Auflage. 136 Seiten. 1950 . . . . Bd. 1094

Der polyphone Satz von *E. Pepping.* 1. Teil: Der cantus-firmus-Satz. 2. Auflage. 223 Seiten. 1950 . . . . Bd. 1148

Harmonielehre von *H. J. Moser.*
I: 112 Seiten. 1954 . . . . Bd. 809
II: In Vorbereitung . . . . Bd. 810

Gesangskunst von *H. J. Moser.* In Vorbereitung . . . . Bd. 576/576a

Die Kunst des Dirigierens von *H. W. von Waltershausen.* 2. Auflage. 138 Seiten. 1954 . . . . Bd. 1147

Die Technik des Klavierspiels aus dem Geiste des musikalischen Kunstwerkes von *K. Schubert* †. 3. Auflage. 108 Seiten. 1954 . . . . Bd. 1045

Die Musik des 19. Jahrhunderts von *W. Oehlmann.* 180 Seiten. 1953 . . . . Bd. 170

Kunst

Stilkunde von *H. Weigert.*
I: Vorzeit, Antike, Mittelalter. 2. Auflage. 136 Seiten. Mit 94 Abbildungen. 1954 . . . . Bd. 80
II: Spätmittelalter und Neuzeit. 2. Auflage. 141 Seiten. Mit 84 Abbildungen. 1954 . . . . Bd. 781

Geschichte

Einführung in die Geschichtswissenschaft von *P. Kirn.* 2. Auflage. 121 Seiten. 1952 . . . . Bd. 270

Archäologie von *A. Rumpf.*
I: Einleitung, historischer Überblick. 143 Seiten mit 6 Abbildungen im Text und 12 Tafeln. 1953 . . . . . Bd. 538
II: In Vorbereitung . . . . Bd. 539

Kultur der Urzeit von *F. Behn.* 4. Auflage der „Kultur der Urzeit". Band I–III von *M. Hoernes.*
I: Die vormetallischen Kulturen. (Die Steinzeiten Europas. Gleichartige Kulturen in anderen Erdteilen). 172 Seiten mit 48 Abbildungen. 1950 . . . . Bd. 564
II: Die älteren Metallkulturen. (Der Beginn der Metallbenutzung. Kupfer- und Bronzezeit in Eurpoa, im Orient und in Amerika). 160 Seiten mit 67 Abbildungen. 1950 Bd. 565
III: Die jüngeren Metallkulturen. (Das Eisen als Kulturmetall. Hallstatt-Latene-Kultur in Europa. Das erste Auftreten des Eisens in den anderen Erdteilen). 149 Seiten mit 60 Abbildungen. 1950 . . . . Bd. 566

Vorgeschichte Europas von *F. Behn.* Völlig neue Bearbeitung der 7. Auflage der „Urgeschichte der Menschheit" von *M. Hoernes.* 125 Seiten mit 47 Abbildungen. 1949 . . . Bd. 42

Von den Karolingern zu den Staufern von *J. Haller.* Die altdeutsche Kaiserzeit (900–1250). 3. Auflage. 141 Seiten mit 4 Karten. 1944 . . . . Bd. 1065

Deutsche Geschichte im Zeitalter der Reformation, der Gegenreformation und des 30jährigen Krieges von *F. Hartung.* 129 Seiten. 1951 . . . . Bd. 1105

Quellenkunde der deutschen Geschichte im Mittelalter von *K. Jacob*† (bis zur Mitte des 15. Jahrhunderts).
I: Einleitung, Allgemeiner Teil. Die Zeit der Karolinger. 5. Auflage. 118 Seiten. 1949 . . . . Bd. 279
II: Die Kaiserzeit (911–1250). 4. Auflage. 127 Seiten. 1949 Bd. 280
III: Das Spätmittelalter (vom Interregnum bis 1500). Unter Verwendung der Hinterlassenschaft herausgegeben von *F. Weden*. 152 Seiten. 1952 . . . . Bd. 284

Zeitrechnung der römischen Kaiserzeit, des Mittelalters und der Neuzeit von *H. Lietzmann*†. Für die Jahre 1–2000 n. Chr. 2. Auflage. Von A. Hofmeister. 1954. In Vorbereitung . . . . Bd. 1085

Badische Geschichte von A. Krieger. 137 Seiten. 1921 . . . . Bd. 230

Geschichte Englands von *H. Preller*.
I: bis 1815. 3., stark umgearbeitete Auflage. 135 Seiten mit 7 Stammtafeln und 2 Karten im Text. 1952 . . . . Bd. 375
II: In Vorbereitung . . . . Bd. 1088

Thüringische Geschichte von *E. Devrient*. 2. Auflage. 136 Seiten. 1921. Bd. 352

Deutsche Sprache und Literatur

Deutsches Rechtschreibungswörterbuch von *M. Gottschald*. 2., verbesserte Auflage. 269 Seiten. 1953 . . . . . Bd. 200/200a

Deutsche Wortkunde von *A. Schirmer*. Eine kulturgeschichtliche Betrachtung des deutschen Wortschatzes. 3., durchgesehene Auflage. 109 Seiten. 1949 . . . . Bd. 929

Deutsche Sprachlehre von *W. Hofstaetter*. 9., neubearbeitete Auflage von *G. Spree*. 114 Seiten. 1953 . . . . Bd. 20

Redetechnik von *H. Biehle*. Eine Einführung in die Rhetorik. 115 Seiten. 1954 . . . . Bd. 61

Sprechen und Sprachpflege von *H. Feist*. (Die Kunst des Sprechens). 2., verbesserte Auflage. 99 Seiten mit 25 Abbildungen. 1952 . . . . Bd. 1122

Deutsches Dichten und Denken von der germanischen bis zur staufischen Zeit von *H. Naumann*. (Deutsche Literaturgeschichte vom 5.–13. Jahrhundert). 2., verbesserte Auflage. 166 Seiten. 1952 . . . . Bd. 1121

Deutsches Dichten und Denken vom Mittelalter zur Neuzeit von *G. Müller* (1270–1700). 2., durchgesehene Auflage. 159 Seiten. 1949 . . . . Bd. 1086

Deutsches Dichten und Denken von der Aufklärung bis zum Realismus von *K. Viëtor* (Deutsche Literaturgeschichte von 1700–1890). 2., durchgesehene Auflage. 156 Seiten. 1949 . . . . Bd. 1096

Deutsche Heldensagen von *H. Schneider*. In Vorbereitung . . Bd. 32

Der Nibelunge Nôt in Auswahl mit kurzem Wörterbuch von *K. Langosch*. 9., umgearbeitete Auflage. 164 Seiten. 1953 Bd. 1

Die deutschen Personennamen von *M. Gottschald*. In Vorbereitung . . . . Bd. 422

Indogermanisch · Germanisch

Gotisches Elementarbuch von *H. Hempel*. Grammatik, Texte mit Übersetzung und Erläuterungen. 2., umgearbeitete Auflage. 165 Seiten. 1953 . . . . Bd. 79

Indogermanische Sprachwissenschaft von *H. Krahe*. 2. Auflage. 134 Seiten. 1948 . . . . Bd. 59

Germanische Sprachwissenschaft von *H. Krahe*. 2. Auflage.
I: Einleitung und Lautlehre. 127 Seiten. 1948 . . . . . . Bd. 238
II: Formenlehre. 140 Seiten. 1948 . . . . Bd. 780

Althochdeutsches Elementarbuch von *H. Naumann* † und *W. Betz*. 2. Auflage. 156 Seiten. 1954 . . . . Bd. 1111

Altnordisches Elementarbuch von *F. Ranke*. Schrifttum, Sprache, Texte mit Übersetzung und Wörterbuch. 2., durchgesehene Auflage. 146 Seiten. 1949 . . . . . Bd. 1115

Englisch · Französisch · Italienisch

Altenglisches Elementarbuch von *M. Lehnert*. Einführung, Grammatik, Texte mit Übersetzung und Wörterbuch. 2., verbesserte und vermehrte Aufl. 176 Seiten. 1950 . Bd. 1125

Beowulf von *M. Lehnert*. Eine Auswahl mit Einführung, teilweiser Übersetzung, Anmerkungen und etymologischem Wörterbuch. 2., verbesserte Auflage. 135 Seiten. 1949 Bd. 1135

Englische Literaturgeschichte.
I: Die alt- und mittelenglische Periode von *F. Schubel*. 163 Seiten. 1954 . . . . Bd. 1114
II: Von der Renaissance bis zur Aufklärung von *Paul Meissner*†. 139 Seiten. 1937 . . . . Bd. 1116
III: Romantik und Viktorianismus von *Paul Meissner*†. 150 Seiten. 1938 . . . . Bd. 1124
IV: Das 20. Jahrhundert von *Paul Meissner*†. 150 Seiten. 1939 . . . . Bd. 1136

Romanische Sprachwissenschaft von *H. Lausberg*. 2 Bände. In Vorbereitung . . . . Bd. 128/250

Italienische Literaturgeschichte von *K. Vossler*. Unveränderter Nachdruck der 1927 erschienenen 4., durchgesehenen und verbesserten Auflage. 148 Seiten. 1948 . . . . Bd. 125

Shakespeare von *P. Meissner*†. 2. Auflage, neubearbeitet von M. Lehnert. 136 Seiten. 1954 . . . . Bd. 1142

Griechisch · Lateinisch

Griechische Sprachwissenschaft von *W. Brandenstein*.
I: Einleitung, Lautsystem, Etymologie. 160 Seiten. 1954 Bd. 117

Geschichte der griechischen Sprache von *O. Hoffmann*†.
I: Bis zum Ausgang der klassischen Zeit. 3., umgearbeitete Auflage von *A. Debrunner*. 156 Seiten. 1954 . . . . Bd. 111
II: In Vorbereitung . . . . Bd. 114

Geschichte der griechischen Literatur von *W. Nestle*. 2., verbesserte Auflage.
I: Von den Anfängen bis auf Alexander d. Gr. 148 Seiten. 1950 . . . . Bd. 70
II: Von Alexander d. Gr. bis zum Ausgang der Antike. 128 Seiten. 1945 . . . . Bd. 557

Geschichte der lateinischen Sprache von *F. Stolz*†. 3., stark umgearbeitete Auflage von *A. Debrunner*. 136 Seiten. 1953 Bd. 492

Hebräisch · Sanskrit · Russisch

Hebräische Grammatik von *G. Beer*†. 2., völlig neubearbeitete Auflage von *R. Meyer.*
I: Schrift-, Laut- und Formenlehre I. 157 Seiten. 1952. Bd. 763/763a
II: Schrift-, Laut- und Formenlehre II. 1954. In Vorbereitung . . . . Bd. 764/764a
Hebräisches Übungsbuch von *G. Beer*† und *R. Meyer.* In Vorbereitung . . . . Bd. 769
Sanskrit-Grammatik von *M. Mayrhofer.* 89 Seiten. 1953 . . . Bd. 1158
Russische Grammatik von *G. Berneker.* 6., unveränderte Auflage von *M. Vasmer.* 155 Seiten. 1947 . . . . Bd. 66

Erd- und Länderkunde

Afrika von *F. Jaeger.* Ein geographischer Überblick. 2., umgearbeitete Auflage
I: Der Lebensraum. 174 Seiten. 1954 . . . . Bd. 910
II: Mensch und Kultur. 155 Seiten. 1954 . . . . Bd. 911
Amerika von *H. Dreyhaus.* 2 Bände. In Vorbereitung . . Bd. 855/856
Australien und Ozeanien von *H. J. Krug.* 176 Seiten mit 46 Skizzen. 1953 . . . . Bd. 319
Eiszeitalter von *E. Hameister.* In Vorbereitung . . . . Bd. 431
Kartenkunde von *M. Eckert-Greifendorff*†. 3., durchgesehene Auflage von *W. Kleffner.* 149 Seiten mit 63 Abb. 1950 Bd. 30

Volkswirtschaft

Allgemeine Betriebswirtschaftslehre von *K. Mellerowicz.* 8., unveränderte Auflage.
I: 142 Seiten. 1954 . . . . Bd. 1008
II: 112 Seiten. 1954 . . . . Bd. 1153
III: 143 Seiten. 1954 . . . . Bd. 1154
Statistik von *E. Meier* 2 Bände. In Vorbereitung . . . . . . Bd. 746

Naturwissenschaften

Mathematik

Repetitorium und Aufgabensammlung zur Differentialrechnung von *A. Witting*†. 2., neubearbeitete Auflage. Durchgesehener Neudruck. 145 Seiten. 1949 . . . . Bd. 146

Integralrechnung von *A. Witting*†. 2., verbesserte Auflage. Durchgesehener Neudruck. 176 Seiten mit 62 Figuren und 190 Beispielen . . . . Bd. 88

Repetitorium und Aufgabensammlung zur Integralrechnung von *A. Witting*†. 2., neubearbeitete Auflage. Durchgesehener Neudruck. 121 Seiten mit 32 Figuren und 309 Beispielen. 1949. . . . . Bd. 147

Gewöhnliche Differentialgleichungen von *G. Hoheisel*. 4., neubearbeitete Auflage. 129 Seiten. 1951 . . . . Bd. 920

Partielle Differentialgleichungen von *G. Hoheisel*. 3., neubearbeitete Auflage. Etwa 130 Seiten. 1954 . . . . . Bd. 1003

Aufgabensammlung zu den gewöhnlichen und partiellen Differentialgleichungen von *G. Hoheisel*. 2., umgearbeitete Auflage. 124 Seiten. 1952 . . . . Bd. 1059

Darstellende Geometrie von *W. Haack*.

I: Die wichtigsten Darstellungsmethoden. Grund- und Aufriß ebenmäßiger Körper. 106 Seiten mit 112 Abbildungen. 1954 . . . . Bd. 142

II: Körper mit krummen Begrenzungsflächen. Kotierte Projektionen. 129 Seiten mit 86 Abbildungen. 1954 . . Bd. 143

Sammlung von Aufgaben und Beispielen zur analytischen Geometrie der Ebene von *R. Haussner*. Mit den vollständigen Lösungen. 139 Seiten mit 22 Figuren im Text. Neudruck. 1949 . . . . Bd. 256

Nichteuklidische Geometrie von *R. Baldus*†. Hyperbolische Geometrie der Ebene. 3., verbesserte Auflage, durchgesehen und herausgegeben von *F. Löbell*. 140 Seiten mit 70 Figuren im Text. 1954 . . . . Bd. 970

Differentialgeometrie von *K. Strubecker* (früher Rothe). 2 Bände. In Vorbereitung . . . . Bd. 1113

Einführung in die konforme Abbildung von *L. Bieberbach*. 4. Auflage. 147 Seiten mit 42 Zeichnungen. 1949 . . . Bd. 768

Vektoranalysis von *S. Valentiner*. Neudruck der 7. Auflage (1950). 138 Seiten mit 19 Figuren. 1954 . . . . Bd. 354

Vermessungskunde von *P. Werkmeister*.

I: Stückmessung und Nivellieren. 9. Auflage. 165 Seiten mit 145 Figuren. 1949 . . . . Bd. 468

II: Messung von Horizontalwinkeln. Festlegung von Punkten im Koordinatensystem. Absteckungen. 7. Auflage. 151 Seiten mit 93 Figuren. 1949 . . . . Bd. 469

III: Trigonometrische und barometrische Höhenmessung. Tachymetrie und Topographie. 6. Auflage. 147 Seiten mit 64 Figuren. 1949 . . . . Bd. 862

Versicherungsmathematik von *F. Böhm*.

I: Elemente der Versicherungsrechnung. 3., vermehrte und verbesserte Auflage. Durchgesehener Neudruck. 151 Seiten. 1954. . . . . Bd. 180

II: Lebensversicherungsmathematik. Einführung in die technischen Grundlagen der Sozialversicherung. 2., verbesserte Auflage. 205 Seiten. 1953 . . . . . . Bd. 917/917a

Physik

Einführung in die theoretische Physik von *W. Döring*
I: Mechanik. Mit 29 Abbildungen. 1954. In Vorbereitung Bd. 76
II: Theorie des elektromagnetischen Feldes. In Vorbereitg. Bd. 77
Atomphysik von *K. Bechert* und *Ch. Gerthsen*. 3., umgearb. Auflage.
I und II: 1955. In Vorbereitung . . . . Bd. 1009/1033
III: Theorie des Atombaus. 1. Teil von *K. Bechert*. 148 Seit. mit 16 Abbildungen. 1954 . . . . Bd. 1123/1123a
IV: Theorie des Atombaus. 2. Teil von *K. Bechert*. 170 Seiten mit 14 Abbildungen. 1954 . . . . Bd. 1165/1165a
V, VI und VII: 1955. In Vorbereitung . . . . . Bd. 1166/1167/1168
Differentialgleichungen der Physik von *F. Sauter*. 2. Auflage. 148 Seiten mit 16 Figuren. 1950 . . . . Bd. 1070
Physikalische Formelsammlung von *G. Mahler* und *K. Mahler*. 8., verbesserte Auflage. 153 Seiten mit 69 Figuren. 1950 Bd. 136
Physikalische Aufgabensammlung von *G. Mahler* und *K. Mahler*. Mit den Ergebnissen. 7., verbesserte Auflage. 127 Seiten. 1952 . . . . Bd. 243

Chemie

Geschichte der Chemie von *G. Lockemann*. In kurzgefaßter Darstellung
I: Vom Altertum bis zur Entdeckung des Sauerstoffs. 142 Seiten mit 8 Bildnissen. 1950 . . . . Bd. 264
II: Von der Entdeckung des Sauerstoffs bis zur Gegenwart. In Vorbereitung . . . . Bd. 265
Anorganische Chemie von *W. Klemm*. 8. Auflage. 184 Seiten mit 18 Abbildungen. 1954 . . . . Bd. 37
Organische Chemie von *W. Schlenk*. 6., stark erweiterte Auflage. In Vorbereitung . . . . Bd. 38/38a
Allgemeine und physikalische Chemie von *W. Schulze*.
I: 1954. In Vorbereitung . . . . Bd. 71
II: 3., durchgesehene Auflage. 160 Seiten mit 36 Fig. 1949. Bd. 698
III.: Molekülbau. 1955. In Vorbereitung . . . . Bd. 786
Analytische Chemie von *J. Hoppe*. 5., verbesserte Auflage.
I: Reaktionen. 135 Seiten. 1950 . . . . Bd. 247
II: Gang der qualitativen Analyse. 166 Seiten. 1950 . . . Bd. 248
Maßanalyse von *G. Jander* und *K. F. Jahr*. Theorie und Praxis der klassischen und der elektrochemischen Titrierverfahren. 6. Auflage.
I: 140 Seiten mit 18 Figuren. 1952 . . . . Bd. 221
II: 139 Seiten mit 24 Figuren. 1952 . . . . Bd. 1002
Thermochemie von *W. A. Roth*. 2., verbesserte Auflage. 109 Seiten mit 16 Figuren. 1952 . . . . Bd. 1057
Physikalisch-chemische Rechenaufgaben von *E. Asmus*. 2. Auflage. 96 Seiten. 1949 . . . . Bd. 445
Stöchiometrische Aufgabensammlung von *W. Bahrdt* und *R. Scheer*. Mit den Ergebnissen. 5., verbesserte Auflage. 120 Seiten. 1952 . . . . Bd. 452
Elektrochemie und ihre physikalisch-chemischen Grundlagen von *A. Dassler*.
I: 149 Seiten mit 21 Abbildungen. 1950 . . . . Bd. 252
II: 178 Seiten mit 17 Abbildungen. 1950 . . . . Bd. 253

Technologie

Biologie

Botanik

Zoologie

Entwicklungsphysiologie der Tiere von *F. Seidel.*
I: Ei und Furchung. 126 Seiten mit 29 Abbildungen. 1953 . . . . Bd. 1162
II: Körpergrundgestalt und Organbildung. 159 Seiten mit 42 Abbildungen. 1953 . . . . Bd. 1163

Das Tierreich.
Fische von *D. Lüdemann.* In Vorbereitung . . . . . Bd. 356
Insekten von *H. von Lengerken.* 128 Seiten mit 58 Abbildungen. 1953 . . . . Bd. 594
Lurche von *K. Herter.* In Vorbereitung . . . . . . Bd. 847
Spinnentiere von *A. Kaestner.* In Vorbereitung . . Bd. 1161
Weichtiere von *S. Jaeckel.* In Vorbereitung . . . . Bd. 440
Würmer von *S. Jaeckel.* In Vorbereitung . . . . . . Bd. 439

Vergleichende Physiologie der Tiere von *K. Herter.* 3. Auflage der „Tierphysiologie".
I: Stoff- und Energiewechsel. 155 Seiten mit 64 Abbild. 1950 . . . . Bd. 972
II: Bewegung- und Reizerscheinungen. 148 Seiten mit 110 Abbildungen. 1950 . . . . Bd. 973

Land- und Forstwirtschaft

Landwirtschaftliche Tierzucht von *H. Vogel.* Die Züchtung und Haltung der landwirtschaftlichen Nutztiere. 139 Seiten mit 11 Abbildungen. 1952 . . . . Bd. 228

Kulturtechnische Bodenverbesserungen von *O. Fauser.* 4., neubearbeitete Auflage.
I: Allgemeines, Entwässerung. 122 Seiten mit 47 Abbildungen. 1947 . . . . Bd. 691
II: Bewässerung, Ödlandkultur, Umlegung. 150 Seiten mit 67 Abbildungen. 1949 . . . . Bd. 692

Agrikulturchemie von *K. Scharrer.*
I: Pflanzenernährung. 143 Seiten. 1953 . . . . Bd. 329

Geologie · Mineralogie · Kristallographie

Kristallographie von *W. Bruhns*† und *P. Ramdohr.* 4. Auflage. 106 Seiten mit 163 Abbildungen. 1954 . . . . Bd. 210

Einführung in die Kristalloptik von *E. Buchwald.* 4., verbess. Auflage. 138 Seiten mit 121 Figuren. 1952 . . . . Bd. 619

Lötrohrprobierkunde von *M. Henglein.* Mineraldiagnose mit Lötrohr und Tüpfelreaktion. 3., verbesserte Auflage. 91 Seiten mit 11 Figuren. 1949 . . . . Bd. 483

Mineral- und Erzlagerstättenkunde von *H. Huttenlocher.*
I: 128 Seiten mit 34 Abbildungen. 1954 . . . . Bd. 1014
II: 156 Seiten mit 48 Abbildungen. 1954 . . . . . Bd. 1015/1015a

Mineralogie von *R. Brauns*† und *K. F. Chudoba.* 9. Auflage. 1954. In Vorbereitung . . . . Bd. 29

Petrographie. Von *W. Bruhns*† und *P. Ramdohr.* 4., durchgesehene Auflage. Mit 10 Abbildungen. 1954. In Vorbereitung . . . . Bd. 173

Geologie von *F. Lotze.* In Vorbereitung . . . . Bd. 13

Technik

Metall

Metallkunde. Einführendes über Aufbau, Eigenschaften und Untersuchung von Metallen und Legierungen sowie über Grundlagen des Schmelzens, des Gießens, des Verformens, der Wärmebehandlung, der Oberflächenbehandlung, der Verbinde- und Trennarbeiten von *H. Borchers.* 2. Auflage.
I: Aufbau der Metalle und Legierungen. 110 Seiten mit 2 Tabellen und 90 Abbildungen. 1950 . . . . Bd. 432
II: Eigenschaften. Grundzüge der Form und Zustandsgebung. 154 Seiten mit 8 Tabellen und 100 Abbildungen. 1952 . . . . Bd. 433

Elektrotechnik

Die Gleichstrommaschine von *K. Humburg.* Durchgesehener Neudruck.
I: 102 Seiten mit 59 Abbildungen. 1949 . . . . Bd. 257
II: 98 Seiten mit 38 Abbildungen. 1949 . . . . Bd. 881

Die synchrone Maschine von *K. Humburg.* Neudruck. 109 Seiten mit 78 Bildern. 1951 . . . . Bd. 1146

Induktionsmaschinen von *F. Unger.* 2., erweiterte Auflage. 142 Seiten mit 49 Abbildungen. 1954 . . . . Bd. 1140

Transformatoren von *W. Schäfer.* 2. Auflage. 128 Seiten mit 74 Abbildungen. 1949 . . . . Bd. 952

Verbrennungskraftmaschinen von *W. Endres.* In Vorbereitung Bd. 1076

Die komplexe Berechnung von Wechselstromschaltungen von *H. K. Meinke.* 160 Seiten mit 114 Abbildungen. 1949 . Bd. 1156

Theoretische Grundlagen zur Berechnung der Schaltgeräte von *F. Kesselring.* 3. Auflage. 144 Seiten mit 92 Abbildungen. 1950 . . . . Bd. 711

Elektromotorische Antriebe (Grundlagen für die Berechnung) von *A. Schwaiger.* 3., neubearbeitete Auflage. 96 Seiten mit 34 Abbildungen. 1952 . . . . Bd. 827

Technische Tabellen und Formeln von *W. Müller.* 4., verbesserte und erweiterte Auflage von *E. Schulze.* 152 Seiten mit 105 Figuren. 1951 . . . . Bd. 579

Überspannungen und Überspannungsschutz von *G. Frühauf.* Durchgesehener Neudruck. 122 Seiten mit 98 Abbildungen. 1950 . . . . Bd. 1132

Dynamik von *W. Müller.* 2., verbesserte Auflage.
I: Dynamik des Einzelkörpers. 128 Seiten mit 48 Figuren. 1952 . . . . Bd. 902
II: Systeme von starren Körpern. 102 Seiten mit 41 Figuren. 1952 . . . . Bd. 903

Technische Schwingungslehre von *L. Zipperer.*
I: Allgemeine Schwingungsgleichungen, einfache Schwinger. 2., neubearbeitete Auflage. 120 Seiten mit 101 Abbildungen. 1953 . . . . Bd. 953
II: In Vorbereitung . . . . Bd. 961

Maschinenbau

Werkzeugmaschinen von *K. P. Matthes.*
I: 1954. In Vorbereitung . . . . Bd. 561

Die Maschinenelemente von *E. A. vom Ende.* 2., verbesserte Auflage. 159 Seiten mit 173 Figuren und 12 Tafeln. 1950 Bd. 3

Das Maschinenzeichnen mit Einführung in das Konstruieren von *W. Tochtermann.* 4. Auflage.
I: Das Maschinenzeichnen. 156 Seiten mit 77 Tafeln. 1950 Bd. 589
II: Ausgeführte Konstruktionsbeispiele. 130 Seiten mit 58 Tafeln. 1950 . . . . Bd. 590

Die Werkstoffe des Maschinenbaus von *A. Thum* und *C. M. von Meysenbug.* 2 Bände. In Vorbereitung . . . . Bd. 476/936

Getriebelehre von *P. Grodzinski.* 2., neubearbeitete Auflage.
I: Geometrische Grundlagen. 159 Seiten mit 142 Figuren. 1953 . . . . Bd. 1061

Gießereitechnik von *H. Jungbluth.*
I: Eisengießerei. 126 Seiten mit 44 Abbildungen. 1951 . . Bd. 1159

Die Dampfkessel und Feuerungen einschließlich Hilfseinrichtungen in Theorie, Konstruktion und Berechnung von *W. Marcard†.* 2. Auflage. Neubearbeitet von *K. Beck.*
I: Die theoretischen Grundlagen. Wärme, Verbrennung, Wärmeübertragung. 150 Seiten mit 42 Abbildungen und 16 Tabellen. 1951 . . . . Bd. 9
II: Dampfkessel. 147 Seiten mit 43 Abbildungen. 1952 . . Bd. 521

Technische Thermodynamik von *W. Nusselt.*
I: Grundlagen. 3., verbesserte Auflage. 144 Seiten mit 71 Abbildungen. 1950 . . . . Bd. 1084
II: Theorie der Wärmekraftmaschinen. Neudruck. 144 Seiten mit 87 Abbildungen und 32 Zahlentafeln. 1951 Bd. 1151

Autogenes Schweißen und Schneiden von *H. Niese.* 5. Auflage. Neubearbeitet von *A. Küchler.* 136 Seiten mit 71 Figuren. 1954 . . . . Bd. 499

Elektrische Schweißverfahren von *H. Niese.* Herausgegeben von *H. Dienst.* In Vorbereitung . . . . Bd. 1020

Wasserbau

Wasserkraftanlagen von *A. Ludin.* 2 Bände. 1955. In Vorbereitung . . . . Bd. 665/666

Verkehrswasserbau von *H. Dehnert.*
I: Entwurfsgrundlagen, Flußregelungen. 103 Seiten mit 52 Textabbildungen. 1950 . . . . Bd. 585
II: Flußkanalisierungen und Schiffahrtskanäle. 94 Seiten mit 60 Textabbildungen. 1950 . . . . Bd. 597
III: Schleusen und Hebewerke. 98 Seiten mit 70 Textabbildungen. 1950 . . . . Bd. 1152

Talsperren von *F. Tölke.* 122 Seiten mit 70 Abbildungen. 1953 Bd. 1044

Wehr- und Stauanlagen von *H. Dehnert.* 134 Seiten mit 90 Abbildungen. 1952 . . . . Bd. 965

Hoch- und Tiefbau

Die wichtigsten Baustoffe des Hoch- und Tiefbaus von *O. Graf.* 4., verbesserte Auflage. 131 Seiten mit 63 Abbildungen. 1953 . . . . Bd. 984

Baustoffverarbeitung und Baustellenprüfung des Betons von *A. Kleinlogel.* 2., neubearbeitete und erweiterte Auflage. 126 Seiten mit 35 Abbildungen. 1951 . . . . . . Bd. 978

Festigkeitslehre von *W. Gehler†* und *W. Herberg.*

I: Elastizität, Plastizität und Festigkeit der Baustoffe und Bauteile. Durchgesehener und erweiterter Neudruck. 159 Seiten mit 18 Bildern. 1952 . . . . Bd. 1144

II: Formänderung, Platten, Stabilität und Bruchhypothesen. Bearb. von W. Herberg und N. Dimitrov. Mit 94 Bildern. In Vorbereitung . . . . Bd. 1145

Grundlagen des Stahlbetonbaus von *A. Troche.* 2., neubearbeitete und erweiterte Auflage. 208 Seiten mit 75 Abbildungen, 17 Bemessungstafeln und 20 Rechenbeispielen. 1953 . . . . Bd. 1078

Hebezeuge von *G. Tafel.*

I: 2., verbesserte Auflage mit 230 Figuren. 1954. In Vorbereitung . . . . Bd. 414/414a

Fenster, Türen, Tore aus Holz und Eisen. Eine Einleitung zu ihrer guten Gestaltung, wirtschaftlichen Bemessung und handwerksgerechten Konstruktion von *W. Wickop.* 3., überarbeitete und ergänzte Auflage. 154 Seiten mit 96 Abbildungen. 1949 . . . . Bd. 1092

Heizung und Lüftung von *J. Körting†* und *W. Körting.* 8., neubearbeitete Auflage.

I: Das Wesen und die Berechnung der Heizungs- und Lüftungsanlagen. 140 Seiten mit 29 Abbildungen und 18 Zahlentafeln. 1951 . . . . Bd. 342

II: Die Ausführung der Heizungs- und Lüftungsanlagen. 150 Seiten mit 165 Abbildungen und 7 Zahlentafeln. 1954 . . . . Bd. 343

SAMMLUNG GÖSCHEN / BANDNUMMERNFOLGE

1 Langosch, Der Nibelunge Nôt
3 vom Ende, Maschinenelemente
9 Marcard-Beck, Dampfkessel I
13 Lotze, Geologie
20 Hofstaetter-Spree, Dt. Sprachlehre
29 Brauns-Chudoba, Mineralogie
30 Eckert-Greifendorff-Kleffner, Kartenkunde
32 Schneider, Dt. Heldensagen
37 Klemm, Anorganische Chemie
38/38a Schlenk, Organ. Chemie
42 Behn, Vorgeschichte Europas
47 Rohrbach, Arithmetik
51 Bürklen-Ringleb, Mathematische Formelsammlung
59 Krahe, Indogerm. Sprachwiss.
61 Biehle, Redetechnik
66 Berneker-Vasmer, Russische Grammatik
70 Nestle, Griech. Literaturgesch. I
71 Schulze, Allgem. und physikalische Chemie I
76 Döring, Einführ. i. d. theoret. Physik I
77 Döring, Einführ. i. d. theoret. Physik II
79 Hempel, Gotisches Elementarbuch
80 Weigert, Stilkunde I
87 Witting, Differentialrechnung
88 Witting, Integralrechnung
101 v. Wiese, Soziologie
111 Hoffmann-Debrunner, Geschichte der griech. Sprache I
114 Hoffmann-Debrunner, Geschichte der griech. Sprache II
117 Brandenstein, Griechische Sprachwissenschaft
125 Vossler, Italienische Literaturgeschichte
128 Lausberg, Romanische Sprachwissenschaft I
136 Mahler, Physikalische Formelsammlung
141 Geitler, Morphologie der Pflanzen
142 Haack, Darst. Geometrie I
143 Haack, Darst. Geometrie II
145 Weimer, Gesch. der Pädagogik
146 Witting, Repetitorium und Aufgabensammlung zur Differentialrechnung
147 Witting, Repetitorium und Aufgabensammlung zur Integralrechnung
170 Oehlmann, Musik des 19. Jahrhunderts
173 Bruhns-Ramdohr, Petrographie
174 Waldschmidt, Buddhismus I
180 Böhm, Versicherungsmathematik I
184 Blümcke, Textilindustrie I
200/200a Gottschald, Dt. Rechtschreibungswörterbuch
210 Bruhns-Ramdohr, Kristallographie
221 Jander-Jahr, Maßanalyse I
222 Hassak-Beutel, Warenkunde I
223 Hassak-Beutel, Warenkunde II
226 Hofmann, Geschichte der Mathematik I
228 Vogel, Landw. Tierzucht
230 Krieger, Bad. Geschichte
238 Krahe, Germ. Sprachwiss. I
243 Mahler, Physikal. Aufgabensammlung
247 Hoppe, Analytische Chemie I
248 Hoppe, Analytische Chemie II
250 Lausberg, Roman. Sprachwissenschaft II
252 Dassler, Elektrochemie I
253 Dassler, Elektrochemie II
256 Haussner, Aufgabensammlung zur analytischen Geometrie der Ebene
257 Humburg, Die Gleichstrommaschine I
264 Lockemann, Geschichte der Chemie I
265 Lockemann, Geschichte der Chemie II
270 Kirn, Einführung in die Geschichtswissenschaft
279 Jacob, Quellenkunde der deutschen Geschichte I
280 Jacob, Quellenkunde der deutschen Geschichte II
281 Leisegang, Einführung in die Philosophie

284 Jacob-Weden, Quellenkunde der deutschen Geschichte III
319 Krug, Australien und Ozeanien
329 Scharrer, Agrikulturchemie I
335 Braun-Klug, Fette und Öle
336 Braun-Klug, Seifenfabrikation
342 Körting, Heizung und Lüftung I
343 Körting, Heizung und Lüftung II
344 Moser, Musikästhetik
352 Devrient. Thüring. Geschichte
354 Valentiner, Vektoranalysis
355 Neger-Münch, Nadelhölzer
356 Lüdemann, Fische
375 Preller, Geschichte Englands I
394 Schilling, Vorkantische Philosophie
402 Wielandt, Determinanten
414/414a Tafel, Hebezeuge I
422 Gottschald, Dt. Personennamen
423 Adler, Fünfstell. Logarithmen
431 Hameister, Eiszeitalter
432 Borchers, Metallkunde I
433 Borchers, Metallkunde II
439 Jaeckel, Würmer
440 Jaeckel, Weichtiere
445 Asmus, Physikal.-chemische Rechenaufgaben
452 Bahrdt-Scheer, Stöchiometrische Aufgabensammlung
468 Werkmeister, Vermessungskunde I
469 Werkmeister, Vermessungskunde II
476 Thum-Meysenbug, Werkstoffe des Maschinenbaues I
483 Henglein, Lötrohrprobierkunde
492 Stolz-Debrunner, Geschichte der lateinischen Sprache
499 Niese, Autogen. Schweißen
500 Simmel, Hauptprobleme der Philosophie
521 Marcard-Beck, Dampfkessel und Feuerungen II
536 Lehmann, Kant
538 Rumpf, Archäologie I
539 Rumpf, Archäologie II
557 Nestle, Griechische Literaturgeschichte II
561 Matthes, Werkzeugmaschinen I
564 Behn, Kultur der Urzeit I
565 Behn, Kultur der Urzeit II
566 Behn, Kultur der Urzeit III
571 Lehmann, Philosophie des 19. Jahrhunderts I
576/576a Moser, Gesangskunst
579 Müller-Schulze, Techn. Tabellen
585 Dehnert, Verkehrswasserbau I
589 Tochtermann, Maschinenzeichnen I
590 Tochtermann, Maschinenzeichnen II
594 Lengerken, Insekten
597 Dehnert, Verkehrswasserbau II
619 Buchwald, Kristalloptik
665 Ludin, Wasserkraftanlagen I
666 Ludin, Wasserkraftanlagen II
668 Knopp, Funktionentheorie I
691 Fauser, Kulturtechn. Bodenverbesserungen I
692 Fauser, Kulturtechn. Bodenverbesserungen II
698 Schulze, Allgemeine und physikalische Chemie II
703 Knopp, Funktionentheorie II
709 Lehmann, Philosophie des 19. Jahrhunderts II
711 Kesselring, Berechnung der Schaltgeräte
718 Neger-Münch, Laubhölzer
746 Meier, Statistik
736/763a Beer-Meyer, Hebräische Grammatik I
764/764a Beer-Meyer, Hebräische Grammatik II
768 Bieberbach, Einführung in die konforme Abbildung
769 Beer-Meyer, Hebräisches Übungsbuch
770 Waldschmidt, Buddhismus II
780 Krahe, Germ. Sprachwiss. II
781 Weigert, Stilkunde II
768 Schulze, Molekülbau
807 Kropp, Erkenntnistheorie I
809 Moser, Harmonielehre I
810 Moser, Harmonielehre II
826 Koch, Philosophie des Mittelalters
827 Schwaiger, Elektromotorische Antriebe
837 Baumgartner, Gruppentheorie
845 Lehmann, Philosophie im ersten Drittel des 20. Jahrhunderts
847 Herter, Lurche
855 Dreyhaus, Amerika I
856 Dreyhaus, Amerika II
857 Capelle, Griech. Philosophie I

858 Capelle, Griech. Philosoph. II
859 Capelle, Griech. Philosoph. III
862 Werkmeister, Vermessungskunde III
863 Capelle, Griech. Philosoph. IV
877 Knopp, Aufgabensammlung zur Funktionentheorie I
878 Knopp, Aufgabensammlung zur Funktionentheorie II
881 Humburg, Gleichstrommaschine II
902 Müller, Dynamik I
903 Müller, Dynamik II
910 Jaeger, Afrika I
911 Jaeger, Afrika II
917/917a Böhm, Versicherungsmathematik II
920 Hoheisel, Gewöhnliche Differentialgleichungen
929 Schirmer, Dt. Wortkunde
930 Krull, Elementare und klassische Algebra I
931 Hasse, Höhere Algebra I
932 Hasse, Höhere Algebra II
936 Thum-Meysenbug, Werkstoffe des Maschinenbaues II
952 Schäfer, Transformatoren
953 Zipperer, Techn. Schwingungslehre I
961 Zipperer, Techn. Schwingungslehre II
965 Dehnert, Wehr- u. Stauanlagen
970 Baldus-Löbell, Nichteuklid. Geometrie
972 Herter, Tierphysiologie I
973 Herter, Tierphysiologie II
978 Kleinlogel, Baustoffverarbeitung und Baustellenprüfung des Betons
984 Graf, Die wichtigsten Baustoffe des Hoch- und Tiefbaues
1000 Jaspers, Geistige Situation
1002 Jander-Jahr, Maßanalyse II
1003 Hoheisel, Partielle Differentialgleichungen
1008 Mellerowicz, Allgemeine Betriebswirtschaftslehre I
1009 Bechert-Gerthsen, Atomphysik I
1014 Huttenlocher, Mineral- und Erzlagerstättenkunde I
1015/1015a Huttenlocher, Mineral- und Erzlagerstättenkunde II
1021 Niese-Dienst, Elektr. Schweißverfahren
1031 Apel, Philosophisches Wörterbuch
1033 Bechert-Gerthsen, Atomphysik II
1034 Kranefeldt, Therapeutische Psychologie
1044 Tölke, Talsperren
1045 Schubert, Technik des Klavierspiels
1057 Roth, Thermochemie
1059 Hoheisel, Aufgabensammlung zu den gewöhnl. und partiellen Differentialgleichungen
1061 Grodzinski, Getriebelehre I
1065 Haller, Von den Karolingern zu den Staufern
1070 Sauter, Differentialgleichungen der Physik
1076 Endres, Verbrennungskraftmaschinen
1078 Troche, Stahlbetonbau
1082 Hasse-Klobe, Aufgabensammlung zur Höheren Algebra
1084 Nusselt, Technische Thermodynamik I
1085 Lietzmann, Zeitrechnung
1086 Müller, Dt. Dichten u. Denken
1088 Preller, Geschichte Englands II
1092 Wickop, Fenster, Türen, Tore,
1094 Hernried, System. Modulation
1096 Viëtor, Dt. Dichten u. Denken
1105 Hartung, Dt. Geschichte im Zeitalter der Reformation
1109 Knopp, Elemente der Funktionentheorie
1111 Naumann-Betz, Althochdeutsches Elementarbuch
1113 Strubecker, Differentialgeometrie I
1114 Schubel, Englische Literaturgeschichte I
1115 Ranke, Altnord. Elementarbuch
1116 Meissner, Englische Literaturgeschichte II
1121 Naumann, Dt. Dichten und Denken
1122 Feist, Sprechen und Sprachpflege
1123/1123a Bechert-Gerthsen, Atomphysik III

1124 Meissner, Englische Literaturgeschichte III
1125 Lehnert, Altengl. Elementarbuch
1127 Hartmann, Geschlecht und Geschlechtsbestimmung im Tier- und Pflanzenreich
1128 Buchner, Symbiose der Tiere mit pflanzl. Mikroorganismen
1130 Dibelius, Jesus
1131 Scholz-Schoeneberg Einführung in die Zahlentheorie
1132 Frühauf, Überspannungen und Überspannungsschutz
1134 Kuckuck, Pflanzenzüchtung I
1135 Lehnert, Beowulf
1136 Meissner, Englische Literaturgeschichte IV
1137 Heil, Entwicklungsgeschichte des Tier- und Pflanzenreichs
1138 Hämmerling, Fortpflanzung im Tier- und Pflanzenreich
1140 Unger, Induktionsmaschinen
1141 Koller, Hormone
1142 Meissner-Lehnert, Shakespeare
1144 Gehler, Festigkeitslehre I
1145 Herberg, Festigkeitslehre II
1146 Humburg, Synchrone Maschine
1147 v. Waltershausen, Kunst des Dirigierens
1148 Pepping, Der polyphone Satz I
1151 Nusselt, Technische Thermodynamik II
1152 Dehnert, Verkehrswasserbau III
1153 Mellerowicz, Allgem. Betriebswirtschaftslehre II
1154 Mellerowicz, Allgem. Betriebswirtschaftslehre III
1155 Schwartz, Mikrobiologie I
1156 Meinke, Kompl. Berechnung der Wechselstromschaltungen
1157 Schwartz, Mikrobiologie II
1158 Mayrhofer, Sanskrit-Grammatik
1159 Jungbluth, Gießereitechnik I
1160 Dibelius-Kümmel, Paulus
1161 Kaestner, Spinnentiere
1162 Seidel. Entwicklungsphysiologie der Tiere I
1163 Seidel, Entwicklungsphysiologie der Tiere II
1165/1165a Bechert-Gerthsen, Atomphysik IV
1166 Bechert-Gerthsen, Atomphysik V
1167 Bechert-Gerthsen, Atomphysik VI
1168 Bechert-Gerthsen, Atomphysik VII

AUTORENREGISTER